城市黑臭水体遥感解译与治水营城研究

陈利群　倪吉信　龚道孝　袁　芳　林　敏　著

中国建筑工业出版社

图书在版编目（CIP）数据

城市黑臭水体遥感解译与治水营城研究 / 陈利群等
著. —北京：中国建筑工业出版社，2024.3
ISBN 978-7-112-29647-7

Ⅰ.①城… Ⅱ.①陈… Ⅲ.①遥感技术—应用—城市
污水处理—研究—中国 Ⅳ.①X703

中国国家版本馆CIP数据核字（2024）第055121号

责任编辑：陈小娟
书籍设计：锋尚设计
责任校对：王　烨

城市黑臭水体遥感解译与治水营城研究

陈利群　倪吉信　龚道孝　袁　芳　林　敏　著

*

中国建筑工业出版社出版、发行（北京海淀三里河路9号）
各地新华书店、建筑书店经销
北京锋尚制版有限公司制版
天津裕同印刷有限公司印刷

*

开本：787毫米×1092毫米　1/16　印张：18¼　字数：367千字
2024年4月第一版　　2024年4月第一次印刷
定价：**186.00**元
ISBN 978-7-112-29647-7
（42205）

水是城市发展的基础性要素之一，我国古代理水营城取得了辉煌的成就，唐长安城的"八水绕长安"、北宋汴梁城的"四水贯都"、元大都的"漕运水利工程"，以及延续至今南京城"依山就水"的选址，苏州水、路"双棋盘"的城市格局，是其杰出的代表。改革开放以来，我国经历了快速的城市化进程，城市化率由1978年的17.9%上升到2022年的65.22%，50年走过了国外上百年的城市化进程。快速的城市化过程，为国家经济发展做出巨大贡献的同时，大规模的城市开发和建设，也极大地改变了城市下垫面和地表径流，蚕食了大量的生态空间，导致一系列城市水问题，如2007年太湖蓝藻事件、"7·21"北京特大暴雨事件、"7·18"济南特大暴雨事件，以及市民房前屋后水体黑臭等，严重地影响了城市居民生命安全、影响了社会经济发展、影响了人民安居乐业。

党中央、国务院出台了一系列政策推动城市水问题治理，中国城市规划设计研究院作为住房城乡建设部的直属科研事业单位，参与、承担了城市水治理相关政策、技术标准的起草，并以试点、示范为抓手，推动政策走深走实。陈利群博士是我院的青年技术骨干，负责了常德市海绵城市试点、咸宁市黑臭水体示范城市建设全流程技术服务，取得了良好的成效。这本著作是他多年来城市治水经验的总结，分享了他在城市治水一线的技术体会，也是他参与从规划到项目决策实施的见证。

海南省委省政府将"六水共治"作为海南国家生态文明试验区的6项标志性工程之一，陈利群博士作为中组部选派的第四批"来琼挂职干部"，充分发挥专业优势，将撰写本书作为挂职期间"我想干成的一件事"，以期为省委省政府科学决策尽绵薄之力。他特别指出，海南省除海口市之外，其他城市均为中小城市。这些城市因其管理、技术、资金、市场都与大城市有差异，因此水治理有其特殊性，这在决策层面尤为值得注意。

本书在内容的编排上，第一部分梳理了我国城市发展与水治理的关系，认为"治水营城"是当前阶段城水协调发展的重要内容，引出了本书的主题。第二部分针对黑臭水体治理后反弹的问题，研究建立了基于遥感数据的黑臭水体筛查技术，可以做到快速筛查、识别城市黑臭水体，为精准治理提供靶向。第三部分系统地介绍了黑臭水体示范城市、海绵城市试点、小流域综合治理治水营城方式。第四部分则是本书的总结与提炼，是对本书主要内容的回顾。总体而言，这本专著是一本技术性强、逻辑性强、由理论到实践再到理论的好作品。

我曾经在海南工作过一年半时间，1988年4月13日海南建省挂牌时我就在现场，我对海南有着深厚的感情，当陈利群博士请我为之作序时，我欣然同意，希望这本书能为海南的绿水青山做出应有的贡献，为全国的治水营城提供重要参考。

中国工程勘察设计大师　中国城市规划设计研究院院长

2023年11月

自2013年提出"海绵城市"的理念以来，中国开启了快速的治水营城10年，10年间国家共实施了2批共30个海绵城市建设试点城市、3批共60个城市黑臭水体治理示范城市，正在实施3批共60个系统化全域推进海绵城市建设示范城市。通过10年的试点示范带动，建设了一大批自然积存、自然渗透、自然净化的"海绵城市"，实现了"小雨不积水，大雨不内涝，水体不黑臭，热岛有缓解"；城市水环境得到了明显好转，到2023年，36个重点城市黑臭水体消除了96.2%，259个其他地级城市黑臭水体消除了81.2%。

10年来，中国城市规划设计研究院为实施这些试点示范做出了重要贡献，10年之后，本书作者以亲身经历为基础，对治水营城过程中的典型问题进行梳理与回应。一是10年大规模的城市水环境治理，地级市以上城市取得了明显的成效，但量大且分散的县城将成为下一阶段城市治水的重要对象，县城由于其发展历程、技术力量，规模与城市有着较大区别，城镇治水存在规模效应，县城（中小城市）治水应通过政策制定消除规模效应的负面影响；二是地级以上城市目前的主要任务是巩固治理成效，鉴于城市水体量大面广，采用常规的监测方法时效、监测范围都受约束，因此本书研发了基于GF-2号遥感卫星识别城市黑臭水体的技术，可以作为监督、识别城市黑臭水体的重要手段；三是针对城市黑臭水体标本兼治的问题，以湖北省咸宁市黑臭水体示范城市为例，介绍了三个阶段治理方案及治理成效，并就不同阶段的得失进行了剖析；四是针对水城融合的问题，以湖南省常德市海绵城市试点为例，介绍了海绵城市建设统筹"水环境""水安全""水景观""水文化""水经济""水资源"，达到了多重目标的效果；五是针对区域统筹治污、多部门协同治污的问题，介绍了三亚河流域规划，并重点就海绵试点之后流域整体提升、资源要素捆绑打包项目作了重点介绍，强调规划的实施性。

10年来，治水营城理念不断深入为生态文明贡献了生动的实践案例。在城市水环境监测方面，在常规黑臭水体监测的基础上开发基于GF-2遥感黑臭水体监测技术，为黑臭水体识别、筛查、督查提供技术手段；在污染物控制方面，从单项控制（雨水径流、污水直排、底泥控制）到源头—过程—系统治理的方法；在城水关系方面，从水城分离到水城共融发展，水已经成为城市繁荣发展的重要因素，成为市民休闲娱乐的公共空间；在城市韧性方面，不仅仅关注城市防洪安全，注重城市内涝安全，保障市民"小雨不积水，大雨不内涝"，还进一步将滨水空间打造为重要的经济空间，提升城市经济韧性。

10年时间，在历史的长河中不过是沧海一粟，然而在我国城市治水的历程中却是极其重要的10年。在这种时代下，中国城市规划设计研究院为同事提供了这个平台，作为中规院人有机会参与、实施国家治水的大战略，在努力实施国家大战略的同时，也实现了自我价值。这本书的形成，是奋力建设生态文明的结果，是作者身体力行亲身实践的结果，更是作者科学研究、去芜存菁、总结升华的结果，通过对大量资料的梳理、总结，形成这本著作，从实践中来，经过提升总结形成理论，再到实践中去。中国城市规划设计研究院作为住房城乡建设部的直属科研机构，为国家服务、科研标准规范、规划设计及社会公益和行业服务是中规院的四项主要职能，我们将继续加强智库建设，继续以更多的中规作品服务于国家战略。

中国城市规划设计研究院 党委书记　王立秋

2023年11月

  "十三五"以来，国家以试点、示范为引领，加大了对城市水体的治理力度，在城市黑臭水体治理、海绵城市建设方面取得了显著的成效。"十四五"期间，国家继续深入推进城市水体治理，进一步提高了城市水体治理的目标与要求，并将县级市纳入了城市黑臭水体治理考核的范围。水问题的治理需标本兼治，治标可短期快速消除水问题症状，但易反复；治本可以从根本上消除问题的根源，但是一个长期系统的过程，只有标本兼治、近远结合，才能做到既快速见效，又能巩固成效。城市水体治理存在规模效应，中小城市由于机构设置、技术能力、人员配置、财力水平、基础设施水平等都与大城市存在较大差异，因此，中小城市的水体治理就成了影响全国城市水体治理整体水平的关键。据《中国城市建设统计年鉴2020》，全国中小城市（含县级市）占城市总数的87%，共600余座，大量的中小城市，如何推动治理，采取什么样的技术路线、采取什么样的治理模式、治理项目如何策划、治理资金从何而来、治理成效如何监测等问题均是政策制定层面需要关注的。"十三五"期间，国家的试点、示范，中国城市规划设计研究院组织的科研以及部分地方相关的实践较好地回答了这些问题。本书通过系统研究这些案例，提炼科研成果，为我国城市水体治理，尤其是水环境治理、治水营城提供借鉴。

  本书总体分为四个部分。第一部分为第一章，梳理了国家水环境治理历程，划分了我国水坏境治理的阶段，阐述了城市黑臭水体的成因以及产生的深层次根源，研究了我国城市水体治理规模效应的成因、根源，并预测了中小城市水体治理的发展趋势。第二部分为第二、三章，主要研究解决黑臭水体监测、治理成效监测的问题，首次在全国层面研究出遥感黑臭水体识别的方法并进行了应用，提出了差异化的全国黑臭水体遥感识别模型，解决了由于气溶胶以及预处理技术等原因导致南方黑臭水体解译精度不高的问题，为城市、区域黑臭水体识别、建设成效监测提供有力的技术支撑。第三部分为第四、五、六章，主要为治水营城的内容，第四章以咸宁市城市黑臭水体治理示范为例，总结提升了包括分流制排水系统排口溯源与分类处理、合流制排水系统溢流污染控制、河道治理、提质增效以及城市公共空间打造等城市黑臭水体治理的主要经验；第五章以常德市海绵城市试点建设为例，系统总结了以城市内外环水系构建、水系调蓄空间建设以及"一点一策"为主要内容的城市水安全方案，以分流制排水系统混错接改造、合流制溢流控制、末端泵站调蓄池生态滤池建设为主要内容的水环境治理方案，以LID（低影响开发模式）设施布局、河流水生态修复为核心的水生态修复方案，以及以常德河街、老西门、德国街为代表的护城河、穿紫河治水营城经验；第六章以三亚市三亚河流域综合规划为例，详细介绍了海绵城市建设试点之后三亚河小流域整体提升技术途径，水、城、乡村融合发展途径，并进行了项目策划、资金筹集渠道包装，为规划实施奠定基础。第四部分为第七章，对本书的整体内容作了必要的回顾和系统的提炼，并对城市水体治理提出了相关建议。全书按照总—分—总结构，安排了问题分析、解决方案、对策建议等内容，系统地总结、提炼了治水营城的经验。

2023年中国城市规划设计研究院出版的《理水营城》一书，对常德市海绵城市试点、咸宁市黑臭水体治理示范做了简要的介绍，由于篇幅和体例的原因，在该书中对治理技术并没有做详细的介绍。作为常德市海绵城市建设试点技术负责人、咸宁市城市黑臭水体治理示范的技术负责人、中小城市黑臭水体遥感识别课题负责人、三亚河流域规划技术指导，在细细回顾《理水营城》一书后，认为有必要将治水营城的历程、技术方案等给大家做一个较为详细的介绍，为此，整体架构了该书。本书得以付梓，首先归功于地方推行试点示范所取得的成功经验，在此感谢常德市海绵城市建设、咸宁市黑臭水体治理示范相关领导，感谢项目组的同事；其次归功于领导的重视，在此感谢在海南挂职期间挂职单位的支持，特别感谢中国城市规划设计研究院以及水务分院在本人挂职期间对我的关心、帮助与鼓励。本书由陈利群、倪吉信、龚道孝进行总体架构和统稿，第一章由倪吉信、陈利群撰写，第二章、第三章由陈利群、袁芳、张乃祥撰写，第四章由陈利群、李宗浩撰写，第五章由陈利群、彭力撰写，第六章由林敏、陈利群撰写，第七章由陈利群撰写。由于时间仓促，加之作者能力水平有限，难免会有纰漏，敬请广大读者予以批评指正。

陈利群

2023年8月于海南

目录

1

第一章

城市水环境治理
规模效应

1.1

我国水环境治理历程

1.1.1 改革开放前的水环境治理

我国城市水问题的发生和治理是伴随着我国城镇化进程而逐步演变的。20世纪50至70年代，我国处于经济不发达时期，水污染问题和水资源保护的矛盾并不突出。20世纪50年代《长江流域综合利用规划要点报告》编制时，"环境与生态"等问题"尚未出现"，长江干流水质较好。1963年长江干流水化学分析数据显示，"当时长江水质本底较好，pH值适中，离子总数不高，中等矿化度，水质硬度属软水，是工农业和人民生活用水的良好水源"。

1972年6月，联合国人类环境会议在瑞典斯德哥尔摩召开，中国作为发展中国家派代表团参加会议后，认识到环境问题的严重性。1972年北京官厅水库污染治理是我国流域水污染防治的标志性事件，自此我国开始探索有特色的水环境保护道路。1973年8月，国务院委托国家计划委员会在北京召开第一次全国环境保护会议；同年11月13日，国务院转发国家计委关于这次会议的情况报告和《关于保护和改善环境的若干规定（试行草案）》，明确要求："全国主要江河湖泊，都要设立以流域为单位的环境保护管理机构。"按照该规定要求，长江水源保护局于1976年1月成立，开始了以水质监测为中心的水资源保护工作，为水污染治理打下基础。

1.1.2 流域水污染初步治理阶段

改革开放以后，工业化、城市化的加速推进和乡镇企业的快速发展，催生了一系列生态环境问题。以长江流域为例，长江流经的工业城市河段，工业废水和生活污水大量排放，水污染问题日益凸显。据1980年初统计，全流域污染源有4万多个，其中重大污染源490个工矿企业主要集中分布在干流流经的四川、湖北、湖南、江西、安徽、江苏、上海等省市，上海有102个重大污染源。污染源中化工业最多，轻工业次之。到1988年，《人民日报》曾报道："在攀枝花、重庆、武汉、黄石、南京等许多大中城市附近的江段或支流已形成严重的污染带，水质日下，年甚一年。"

1989年第三次全国环境保护会议强调向环境污染宣战，确定了"三大环境政策"和"八项制度"，环境保护工作开始进入一个新的阶段。三大环境政策，即"预防为主，谁污染谁治理，强化环境管理"；八项制度，即"环境影响评价""三同时""排污收费""环境保护目标责任""城市环境综合整治定量考核""排污申请登记与许可证"限期治理""集中控制";"三同时"制度则是新建、改建、扩建项目与技术改造项目与以及区域性开发建设项目的污染防治设施必须与主体工程同时设计、同时施工、同时投产使用的制度。

为实现污染治理的法治化，20世纪八九十年代我国相继出台了一系列法律法规及相关标准，《中华人民共和国水污染防治法》、《中华人民共和国水污染防治法实施细则》、《地面水环境质量标准》GB 3838—83、《污水综合排放标准》GB 8978—88、《农田灌溉水质标准》GB 5084—85、《地下水质量标准》GB/T 14848—93等，为水污染治理奠定了法律与标准基础。

在改革开放初期，长江流域主要从重大污染源、重点江段和重点城市等方面对水污染进行治理，1995年之前我国的水污染防治主要以点源为主，20世纪90年代初期"有河皆污，有水皆脏"是我国水环境状况的真实写照，1994年淮河再次爆发污染事故揭开了我国在流域层面开展大规模治水的序幕。

1.1.3　流域水污染大规模治理阶段

"九五"至"十二五"（1996—2015年）期间是我国大规模治污阶段。1996年修订的《中华人民共和国水污染防治法》首次明确重点流域水污染防治规划制度（"33211"工程），自此大规模的流域治污工作全面展开。"33"是指"三河三湖"（淮河、海河、辽河和太湖、巢湖、滇池），"211"分别指"两控区"（酸雨污染控制区和二氧化硫污染控制区）和"一海、一市"（渤海、北京市）。

1996年国务院批复实施淮河流域"九五"计划，这是批复最早的流域水污染防治计划，其他流域计划分别于1998年（太湖、巢湖、滇池）和1999年（海河、辽河）批复。"十五"计划决定继续推进实施"九五"计划确定污染物入河总量控制目标，"九五""十五"两期规划实施后全国地表水水质有所改善，全国Ⅰ~Ⅲ类水比例和劣Ⅴ类水比例呈稳中向好的趋势。"十一五"规划提出了优先解决"三大"突出问题，首次明确了"五到省"原则。"三大"突出问题是指集中式饮用水水源地污染问题、跨省界水体污染问题和城市重点水体污染问题；"五到省"是指规划到省、任务到省、目标到省、项目到省、责任到省。

2011年第七次全国环境保护大会提出了"着力解决影响科学发展和损害群众健康的突出环境问题"要求，"十二五"规划确定了包括饮用水安全保障、风险防范、工业污染、生态恢复、城市污染、环境综合治理的"六大"规划任务。"十二五"规划6007个重点骨干工程项目用于重点流域水污染防治。

此段时间，国家加大科研力度，如水体污染控制与治理科技重大专项（以下简称"水专项")、长江联合研究等重大科研项目，支持水污染治理。其中，"水专项"是为实现中国经济社会又好又快发展，调整经济结构，转变经济增长方式，缓解我国能源、资源和环境的瓶颈制约，根据《国家中长期科学和技术发展规划纲要（2006—2020年）》设立的十六个重大科技专项之一。

自"九五"时期大规模治水以来，到2015年我国水环境质量大幅改善，全国地表水环境Ⅰ类至Ⅲ类断面比例从27.4%上升到64.5%，流域水污染治理取得了明显成效。

1.1.4 流域水污染综合治理阶段

相较于2011年，2015年全国国控断面劣Ⅴ类的比例下降了4.7个百分点，为8.8%，全国水环境呈现出以下特点：第一，就整个地表水而言，受到严重污染的劣Ⅴ类水体所占比例仍然较高，全国约10%，有些流域甚至大大超过这个比例，如海河流域劣Ⅴ类的比例高达39.1%；第二，流经城镇的一些河段，城乡接合部的一些沟渠塘坝污染普遍较重，并且由于受到有机物污染，黑臭水体较多，受影响群众多，公众关注度高，不满意度高；第三，涉及饮水安全的水环境突发事件时有发生。在此背景下，2015年2月，中央政治局常务委员会会议审议通过《水污染防治行动计划》（水十条），2015年4月16日发布实施，自此，我国水污染治理发生了历史性的重大转折和变化。

这一阶段的重要表现为流域战略的实施，包括长江大保护战略、黄河流域生态保护战略和高质量发展战略，将经济社会发展与水环境治理统筹规划。2015年10月29日，中共十八届五中全会通过《中共中央关于制定国民经济和社会发展第十三个五年规划的建议》，再次强调要"改善长江流域生态环境"。2016年1月5日，习近平总书记在重庆召开推动长江经济带发展座谈会并发表重要讲话时强调，推动长江经济带发展必须坚持生态优先、绿色发展的战略定位，并明确提出，当前和今后相当长一个时期，要把修复长江生态环境摆在压倒性位置，共抓大保护，不搞大开发。2018年4月26日，习近平总书记在武汉主持召开深入推动长江经济带发展座谈会并发表重要讲话，对"共抓大保护，不搞大开发"和"生态优先、绿色发展"等核心理念做了更加明确的阐述，从根本上解决了长江经济带绿色发展中的思想认识问题。2018年底，生态环境部、国家发展改革委印发《长江保护修复攻坚战行动计划》，强调以改善长江生态环境质量为核心，以长江干流、主要支流及重点湖库为突破口，统筹山水林田湖草系统治理，坚持污染防治和生态保护"两手发力"，推进水污染治理、水生态修复、水资源保护"三水共治"。

2020年12月26日，第十三届全国人民代表大会常务委员会第二十四次会议通过了

《中华人民共和国长江保护法》，该法作为我国第一部流域法律，开启了长江保护有法可依的新局面，为全面加强长江流域生态环境保护和修复提供了有力的法律保障。2022年10月30日，第十三届全国人民代表大会常务委员会第三十七次会议通过了《中华人民共和国黄河保护法》。伴随着我国流域生态文明建设的又一标志性立法成果的出现，流域水污染综合治理的法治化进入了一个新阶段。

"十三五"时期党中央对水污染防治作出新的重大决策部署，多措并举下好水污染防治"一盘棋"。除实施流域保护战略，城市黑臭水体治理也提上了日程，国家启动了包括海绵城市试点、黑臭水体治理示范、全域海绵城市试点城市建设等，推动城市水系统、黑臭水体治理。

1.2
城市黑臭水体成因

1.2.1 城市黑臭水体定义

"黑臭"，从肉眼观测角度上讲是指水体呈现黑色或者泛黑色，从嗅觉角度来说是指水体散发出的气味，对人体嗅觉器官产生刺激，令人感到不悦、烦躁。普遍认为水体黑臭是由物理、化学、生物作用综合造成的。

城市黑臭水体的一般定义是指城市建成区内呈现令人不悦的颜色和（或）散发令人不适气味的水体。城市黑臭水体主要呈现暗黑色、黑灰色、黑褐色、黄褐色以及灰绿色等不正常的颜色。此外，黑臭水体多为封闭或半封闭状态且没有明显流动，表面常漂浮生活垃圾或黑色污泥、藻团等。

住房城乡建设部会同环境保护部等相关部门组织制定的《城市黑臭水体整治工作指南》，明确规定了黑臭水体监测与评价方法，并对城市黑臭水体进行了分级与判定，根据不同的黑臭程度，将黑臭水体具体细分为两个等级："轻度黑臭"和"重度黑臭"。并把溶解氧（DO）、透明度（SD）、氨氮（NH_3–N）和氧化还原电位（ORP）作为城市黑臭水体的分级评价指标。分级标准及测定方法见表1.1。

水体黑臭程度分级判定时，原则上可沿黑臭水体每200 ~ 600m间距设置检测点，但每个水体的检测点不少于3个。取样点一般设置于水面下0.5m处，水深不足0.5m时，应设置在水深的1/2处。原则上间隔1 ~ 7日检测1次，至少检测3次。某检测点4项理化指标中，1项指标60%以上数据或不少于2项指标30%以上数据达到"重度黑

城市黑臭水体污染程度分级标准

表1.1

特征指标	轻度黑臭	重度黑臭	测定方法	备注
透明度/cm	25 ~ 10*	<10*	黑白盘法或铅字法	现场原位测定
溶解氧/（mg/L）	0.2 ~ 2.0	<0.2	电化学法	现场原位测定
氧化还原电位/mV	–200 ~ 50	<–200	电极法	现场原位测定
氨氮/（mg/L）	8.0 ~ 15	>15	纳氏试剂光度法或水杨酸–次氯酸盐光度法	水样经过0.45μm滤膜过滤

注：*水深不足25cm时，该指标按水深的40%取值。

臭"级别的，该检测点应认定为"重度黑臭"，否则可认定为"轻度黑臭"。连续3个以上检测点认定为"重度黑臭"的，检测点之间的区域应认定为"重度黑臭"；水体60%以上的检测点被认定为"重度黑臭"的，整个水体应认定为"重度黑臭"。

要准确地理解黑臭水体的定义，需进一步比较黑臭水体标准和地表水环境质量标准、城镇污水处理厂污染物排放标准之间的关系，见表1.2。

水质指标对比表（单位：mg/L）

表1.2

	地表水环境质量标准			城镇污水处理厂污染物排放标准		城市黑臭水体污染程度分级标准	
	Ⅲ类	Ⅳ类	Ⅴ类	一级A标	一级B标	轻度	重度
溶解氧	5	3	2	—	—	0.2 ~ 2	<0.2
氨氮	1.0	1.5	2.0	5（8）	8（15）	8 ~ 15	>15

注：括号外数值为水温大于12℃时的控制指标，括号内数值为水温不大于12℃时的控制指标。

表1.2表明，黑臭水体水质指标全面低于地表水环境质量标准的Ⅴ类，氨氮指标低于《城镇污水处理厂污染物排放标准》的一级B标。

1.2.2 城市黑臭水体污染源

自然界中，在没有人类活动的江河源区，水体水质能达到Ⅱ类甚至Ⅰ类，大江大河的水体水质普遍较为优良，如2020年11月，长江、黄河、珠江、松花江、淮河、海河、辽河等七大流域及西北诸河、西南诸河和浙闽片河流水质优良（Ⅰ～Ⅲ类）断面比例为86.2%，劣Ⅴ类断面比例为0.7%❶。城市出现黑臭水体的核心原因在于城市作为

---

❶ http://www.mee.gov.cn/xxgk2018/xxgk/xxgk15/202012/t20201218_813773.html.

高强度人类活动区域，加上城市内河源短水量较小，高强度污染物排放超出了城市内河的自净能力，城市内河通过一系列的致黑、致臭演变，最终演变为城市黑臭水体。黑臭水体主要污染源如下：

（1）污水直排是城市黑臭水体主要污染源

随着工业废水和生活污水的大量排放，河流中有机碳污染物（COD、BOD）、有机氮污染物（NH_3–N）以及含磷化合物负荷不断加大。有机污染物在分解过程中消耗大量氧气，造成水体缺氧，厌氧微生物大量繁殖并分解有机物产生大量有臭气体如甲烷（CH_4）、硫化氢（H_2S）、氨（NH_3）等逸出水面进入大气使水体发臭。有机物主要是指糖类、蛋白质、油脂、氨基等。生活污水中各种有机还原氮磷物质在水体中缓慢地好氧降解，导致水体DO降低。含氮有机物降解的耗氧远大于碳有机物降解的耗氧，氮磷物质与一般的碳水化合物一起参与耗氧过程，使水体中DO降低，导致水质恶化，发黑发臭。

（2）河床底泥再悬浮是水体黑臭的关键因素

当水体被污染后，部分污染物日积月累，通过沉降作用或随颗粒物吸附作用进入水体底泥中。底泥被看作是污染物质的最终储存场所，在不断的积累富集下，底泥中的污染物质浓度往往比上覆水中污染物质高出几个数量级。底泥污染在很长时间内对河道水质产生影响，底泥中的污染物质与上覆水保持着一种吸附和释放的动态平衡，一旦上覆水环境发生变化，底泥中污染物质就会通过降解、吸附、溶解、微生物分解等作用，重新释放到水中，产生二次污染，导致河道水体常年黑臭。大量的底泥也为微生物提供了繁殖的温床。同时在酸性、还原条件下，厌氧发酵产生的甲烷及氮气导致底泥上浮也是水体黑臭的重要原因之一。

（3）水体热污染是城市黑臭水体形成的环境因子

城市河流的热污染是指河流两岸工厂向水体排放的高温废水（如电站的冷却水）、生活污水以及餐饮废水，它不仅能威胁到河流中水生生物的繁殖和生存，也能使局部甚至整个河流的水温上升，损害水体生态系统。而水温是促进水体发臭的一个重要因素，在适宜水温下，放线菌快速繁殖，使有机物分解消耗大量的溶解氧，厌氧环境下的有机物发生厌氧分解，驱动黑臭水体形成。此外，水体温度与微生物的活动频率成正比，与DO含量成反比，这也是黑臭水体更易发生在夏季的原因。当水体温度低于8℃和高于35℃时，河流一般不产生黑臭，因为在这个温度段内放线菌分解有机污染物，产生乔司脒的活动受到抑制。而在25℃时放线菌的繁殖达到最高，河流的黑臭也达到最大。因此当河流受到有机物污染且水温适宜的情况下，微生物强烈的活动会使水体中的有机物质大量分解，生成各种发臭物质，从而引起河流出现不同程度的黑臭。

（4）水循环动力不足是城市黑臭水体形成的驱动条件

由于河道淤积、城市地形坡度变缓等导致水体流速缓慢、水体水流不畅等水动力条件不足，是水体黑臭的重要原因之一。水循环动力不足主要通过两种机制致黑致臭：一是物理化学机制，如王国芳[1]（2015）研究表明，随着流速的增大，水体中致臭有机物DMTS浓度减小，而在致黑方面，相对于流速5～6cm/s，水体流速1～2cm/s无法改变水体的厌氧还原环境，促进了硫化物的生成及Fe^{2+}的溶出，进而加速了致黑物质的形成，加剧了水体的发黑程度。王玉琳等[2]（2018年）研究表明，水体流动主要通过分散作用降低黑臭水体中Fe^{2+}及S^{2-}的浓度；增加流速对降低南泗河口及黑臭水体边缘等Fe^{2+}、S^{2-}浓度梯度较大区域的污染效果显著，但对黑臭水体中间位置Fe^{2+}、S^{2-}浓度梯度较小区域污染没有显著影响。二是藻类生长与死亡机制。如陈瑞弘等[3]（2015年）以现有水动力对藻类影响机制的讨论为依据，从细胞学角度提出了水动力对藻类生长影响的三种不同的概念机制，即低强度的水力扰动导致藻细胞外扩散层厚度变薄，有利于周边水体向藻细胞输送营养物质，促进藻类生长；中等强度的水力扰动导致藻类营养盐吸收及光合作用能力受损，抑制藻类生长；高强度的水流剪切导致藻细胞壁破损。张智[4]（2006年）研究表明，Chla达到峰值的时间大约为11～15d。试验观察到藻类在初始DTN、DTP比较充足的情况下，并且没有外源营养盐补给时，一个完整的生长周期约为20～28d。在动态与静态水温相差1～3℃范围内，当水流流速小于或等于0.08m/s时，Chla的量随着流速的增大而增大；当水流流速大于0.14m/s时，Chla的量随着流速的增大而减小。说明流速在［0.08m/s，0.14m/s］之间，存在一个临界值v_0。

（5）其他因素

一是城市面源：根据实测数据，城市道路初期雨水COD浓度可高达800mg/L，对城市水体，尤其是城市内湖的冲击较大，当城市内湖接收未经处理的初期雨水，城市内湖易演变为黑臭水体。另外生活垃圾、工业垃圾的随意堆放，城市暴雨径流、支流泄水以及上游的污水等对河流的黑臭均具有不同程度的影响。二是重金属污染：重金属污染也是城市河流污染类型的一种，对河流黑臭的贡献主要在于水体中铁、锰的浓度，而悬浮物质中的铁、锰是重要的致黑因子之一。三是附近农村畜禽养殖

---

❶ 王国芳. 高密度蓝藻消亡对富营养化湖泊黑臭水体形成的作用及机理［D］. 南京：东南大学，2015.

❷ 王玉琳，汪靓，华祖林. 黑臭水体中不同浓度Fe^{2+}、S^{2-}与DO和水动力关系［J］. 中国环境科学，2018（2）：627-633.

❸ 陈瑞弘，李飞鹏，张海平，等. 面向流量管理的水动力对淡水藻类影响的概念机制［J］. 湖泊科学，2015，27（1）：24-30.

❹ 张智. 水动力条件下藻类生长相关影响因素研究［D］. 重庆：重庆大学，2006.

污染：分散式畜禽养殖污染物产污系数可参照以下经验系数估算，猪的COD排放量为50g/（头·天），NH_3–N排放量为10g/（头·天）；规模化畜禽养殖场，COD排放量为17.9g/（头·天），NH_3–N排放量为3.6g/（头·天）。四是河道三面光导致河道生态系统破坏：河道的硬质化以及人为渠道化，使得水体与河道土壤难以发生交互，从而影响污染物的正常循环，打破水环境生态平衡。五是城市河道生态基流不足，城市人口的不断增加，使得水资源日益紧张，从而导致河流水量不足，改变了河流特征，破坏了水环境循环，导致水体黑臭。

1.2.3 水体致黑致臭机理

（1）水体的致黑机理

水体的致黑机理主要有三个方面：

①水体中的铁、锰等金属离子在缺氧、厌氧条件下与水中的硫离子形成硫化物（FeS、MnS），吸附在悬浮颗粒上或以固态形式存在。

②有色且溶于水的腐殖质类有机化合物，其中悬浮颗粒中的致黑物质如腐殖酸等是导致水体发黑的直接因素。

③污染物通过沉降作用或颗粒物的吸附作用沉积在水体底泥中，在一定条件下从底泥中释放从而导致水体发黑。

水体发黑与悬浮颗粒中的腐殖酸和富里酸密切相关。实验表明，铁、锰、硫等化合物通过腐殖酸和富里酸会吸附在悬浮物上，而有机物会使水体发黑或颜色变深，且有机硫化物更容易加快水体发黑。

（2）水体的致臭机理

水体的致臭机理主要有以下三个方面：

①有机污染严重的水体中，有机物好氧分解消耗大量溶解氧，形成厌氧状态的水体。在此状态下，有机物厌氧分解产生易挥发的刺激性气体，是水体发臭的主要原因。

②挥发性有机硫化物（VOSC）是主要的致臭物质。有机硫化物在水体致臭中扮演重要角色。此外，腐殖质的分解产生硫氨基酸，进而产生游离氨和硫醚类化合物，也是水体致臭的因素之一。

③有机污染严重的厌氧水体中，放线菌和藻类的分解产生醇类异臭物质。因此，有学者认为，大量的放线菌和藻类是水体臭味化合物的主要来源，进而导致水体发臭。

1.3
城市黑臭水体调查

1.3.1 城市黑臭水体调查方法

城市黑臭水体调查目前主要依靠地面监测方法，地面监测方法需要布设大量人工监测点位，采集水样后分析测量结果。黑臭水体的测定方法见表1.3。

该方法精度较高，但需要耗费大量的人力物力，也无法做到长时间全面跟踪监测，且只能获得某一剖面某个时段的水环境信息，对于整条河流而言，这些数据有一定的局限性，无法满足实时、大尺度的监测要求。另外，由于各种原因，可能存在黑臭水体漏报的情况，如芜湖一黑臭水体被举报多年却未得到整治，督查组两次赴现场核查才将其列入黑臭水体清单❶。

水质指标测定方法   表1.3

序号	项目	测定方法	备注
1	透明度	黑白盘法或铅字法	现场原位测定
2	溶解氧	电化学法	现场原位测定
3	氧化还原电位	电极法	现场原位测定
4	氨氮	纳氏试剂光度法或水杨酸-次氯酸盐光度法	水样经过0.45μm滤膜过滤

注：相关指标分析方法参见《水和废水监测分析方法（第四版）（增补版）》。

黑臭水体督查是发现城市黑臭水体的一种重要途径，根据中国政府网相关报道❷，2018年生态环境部、住房城乡建设部对70个城市进行专项督查，70个城市共上报列入国家清单的黑臭水体1127个。督查组对各地上报已完成整治的993个黑臭水体开展了现场核查，确认评估已完成整治919个，占92.5%，但与此同时，还发现未列入清单的黑臭水体274个。鉴于此，天（卫星航天遥感技术）、空（无人机航空遥感技术）、地（地面实测数据）全方位、多角度地对城市黑臭水体进行复合监测的技术进入了黑臭水体监测领域。2019年，生态环境部卫星中心累计对全国15个省、41个城市进行了建成区内黑臭水体高分辨率遥感筛查工作，筛查面积总计13000km²，筛查发

---

❶ https://baijiahao.baidu.com/s?id=1600711642902167036&wfr=spider&for=pc.

❷ http://www.gov.cn/hudong/2018-07/26/content_5309523.htm.

现黑臭水体193个，总长度达260km；2019年江苏监测中心对江苏省部分城市不定期开展建成区黑臭水体筛查工作，发现黑臭河流近200处，其中淮河流域徐州、淮安、盐城、扬州、宿迁5市建成区发现58处黑臭河段不在清单中❶。

1.3.2　城市黑臭水体数据库建设

按照《城市黑臭水体整治工作指南》要求，2015年底前，地级及以上城市建成区应完成水体排查，公布黑臭水体名称、责任人及达标期限。根据住房城乡建设部、生态环境部"全国城市黑臭水体整治信息发布"监管平台数据，截至2017年10月，全国295个地级及以上城市中共有224座城市排查确认建成区黑臭水体2100个。按照监管平台所得信息将水体类型分为"河""湖""塘"3类。在2100个黑臭水体中，水体为"河"的1790个，占85.2%，总长度约为7800km；水体为"塘"的204个，占9.7%，总面积约为28km^2；水体为"湖"的106个，占5.1%，总面积约为160km^2。按照《城市黑臭水体整治工作指南》，城市黑臭水体被划分为"重度"与"轻度"黑臭两个等级，在全国2100个黑臭水体中，轻度黑臭的有1390个，占66.2%，重度黑臭的有710个，占33.8%，轻度黑臭水体数量是重度黑臭水体总数的1.96倍。

根据住房城乡建设部、生态环境部全国城市黑臭水体整治信息发布平台数据，2020年底全国城市黑臭水体总认定数2869个。从黑臭水体地域分布情况看（图1.1），经济发达且水系更多的中东部地区的黑臭水体数量占比较大，中南区域和华东区域合计占比达71%。

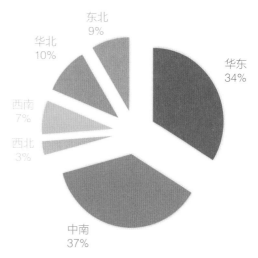

图1.1　中国城市黑臭水体地域分布图

---

❶ https://huanbao.bjx.com.cn/news/20200721/1090597.shtml.

1.4

城市黑臭
水体治理

1.4.1 "十三五"城市黑臭水体治理

2015年发布的《水污染防治行动计划》首次提出要治理"黑臭水体",该文件明确:到2020年,地级及以上城市建成区黑臭水体均控制在10%以内;到2030年,城市建成区黑臭水体总体得到消除。《水污染防治行动计划》第二十七款进一步明确整治城市黑臭水体的具体方法与步骤,即采取控源截污、垃圾清理、清淤疏浚、生态修复等措施,加大黑臭水体治理力度,每半年向社会公布治理情况。地级及以上城市建成区应于2015年底前完成水体排查,公布黑臭水体名称、责任人及达标期限;于2017年底前实现河面无大面积漂浮物,河岸无垃圾,无违法排污口;于2020年底前完成黑臭水体治理目标;直辖市、省会城市、计划单列市建成区要于2017年底前基本消除黑臭水体。自此,城市黑臭水体治理拉开了帷幕。

为落实中共中央、国务院关于打赢污染防治攻坚战有关要求的部署,2018年起,财政部、住房城乡建设部、生态环境部共同组织分三批实施城市黑臭水体治理示范,中央财政分批支持部分治理任务较重的地级及以上城市开展城市黑臭水体治理,确保到2020年底全面达到中共中央、国务院关于黑臭水体治理的目标要求,并带动其他地级及以上城市建成区实现黑臭水体消除比例达到90%以上的目标。第一批共20个城市入选2018年黑臭水体治理示范城市名单,具体包括:九江、沈阳、长春、马鞍山、开封、宿州、青岛、长治、漳州、邯郸、信阳、临沂、淮安、福州、广州、重庆、内江、昭通、菏泽、咸宁。第二批20个城市入选黑臭水体治理示范城市,具体包括:辽源、南宁、德阳、岳阳、海口、清远、乌鲁木齐、昆明、六盘水、吴忠、宿迁、湘潭、包头、桂林、榆林、荆州、鹤岗、张掖、安顺、葫芦岛。第三批20个城市入选城市黑臭水体治理示范城市,具体包括:衡水、晋城、呼和浩特、营口、四平、盐城、芜湖、莆田、宜春、济南、周口、襄阳、汕头、深圳、贺州、三亚、南充、铜川、银川、平凉。

"十三五"期间,地级及以上城市新建污水管网9.9万km,新增污水日处理能力4088万t。全国295个地级及以上城市(不含州、盟)黑臭水体消除比例为98.2%。

1.4.2 "十四五"城市黑臭水体治理要求

2020年10月,党的十九届五中全会通过了《中共中央关于制定国民经济和社会发展第十四个五年规划和二〇三五年远景目标的建议》，提出"基本消除城市黑臭水体"。2021年3月，第十三届全国人民代表大会第四次会议通过《中华人民共和国国民经济和社会发展第十四个五年规划和2035年远景目标纲要》，明确"基本消除城市黑臭水体"的任务。同年11月，中共中央、国务院发布《关于深入打好污染防治攻坚战的意见》，要求持续打好城市黑臭水体治理攻坚战，将治理范围扩大到县级城市。

为贯彻落实《中共中央 国务院关于深入打好污染防治攻坚战的意见》，持续推进城市黑臭水体治理，加快改善城市水环境质量，国家四部委制定并发布了《深入打好城市黑臭水体治理攻坚战实施方案》，提出已经完成治理、实现水体不黑不臭的县级及以上城市，要巩固城市黑臭水体治理成效，建立防止返黑返臭的长效机制。到2022年6月底前，县级城市政府完成建成区黑臭水体排查，制定城市黑臭水体治理方案。到2025年，县级城市建成区黑臭水体消除比例达到90%，京津冀、长三角和珠三角等区域力争提前1年完成。

《深入打好城市黑臭水体治理攻坚战实施方案》是"十四五"期间城市黑臭水体治理纲领性文件，文件采取总分结构。第一部分确定原则和目标，第二部分明确城市政府加快黑臭水体排查以及一河一策的制定；第三部分至第五部分明确了治理的主要措施，即流域治理、源头治理、水系治理；第六部分明确长效机制，包括设施运行维护、排污、排水许可等；第七、八部分规定监督和保障措施，包括定期水质监测及汛期非定期水质监测、实施城市黑臭水体整治环境保护行动；在保障措施方面，明确了省市黑臭水体治理责任，发挥河（湖）长制作用，严格追责、资金保障、优化审批流程以及鼓励公众参与等。

根据《深入打好城市黑臭水体治理攻坚战实施方案》的要求，2022年生态环境部联合住房城乡建设部制定了《"十四五"城市黑臭水体整治环境保护行动方案》，将《深入打好城市黑臭水体治理攻坚战实施方案》中的"实施城市黑臭水体整治环境保护行动"进行了细化，明确国家、省监督职责。省级生态环境、住房城乡建设部门要制定实施省级城市黑臭水体整治环境保护行动方案，指导帮助地方摸清城市黑臭水体现状，督促补齐设施短板、建立健全长效管理机制，并对治理成效进行核实；工作任务重点包括核实城市建成区黑臭水体清单；排查城市黑臭水体水质、污水垃圾收集处理效能、工业和农业污染防治、河湖生态修复等方面的问题；判定城市黑臭水体治理成效；建立城市黑臭水体问题清单，督促地方限期整改。国家相关部委通过加强城市黑臭水体清单管理，抽查省级行动成效，卫星遥感、群众举报、断面监测、现场调查等方式，精准识别突出问题和工作滞后地区，对于突出问题久拖不决的，将有关问题线索移交中央生态环境保护督察和长江经济带、黄河流域生态环境警示片现场拍摄等措施加强对黑臭水体治理的监督。

1.4.3　城市黑臭水体治理要求的变化

国家重视城市水环境的治理，在2013年以前，城市水环境治理包含于城市基础设施建设中，如《国务院关于加强城市基础设施建设的意见》（国发〔2013〕36号）提出"城市基础设施是城市正常运行和健康发展的物质基础，对于改善人居环境、增强城市综合承载能力……具有重要作用"，并提出了到2015年"改善城市水环境"。2015年"水十条"明确提出城市黑臭水体概念后，住房城乡建设部、生态环境部通过发布相关文件，确定治理目标、措施，并通过相关措施监督、评估治理成效。

2018年《住房城乡建设部 生态环境部关于印发城市黑臭水体治理攻坚战实施方案的通知》提出："到2018年底，直辖市、省会城市、计划单列市建成区黑臭水体消除比例高于90%，基本实现长制久清。到2019年底，其他地级城市建成区黑臭水体消除比例显著提高，到2020年底达到90%以上。鼓励京津冀、长三角、珠三角区域城市建成区尽早全面消除黑臭水体。"并明确了"控源截污""内源治理""生态修复""活水保质"四方面的工程措施；确定了河长制、湖长制，加快推行排污许可证制度，强化运营维护等三大类长效机制；监督检查措施主要包括实施城市黑臭水体整治环境保护专项行动、定期开展水质监测等。2018年5月开始，由生态环境部联合住房城乡建设部派出的专项督查组分三批对全国36个城市的黑臭水体整治情况开展督查工作，检查各地是否完成《水污染防治行动计划》即"水十条"中规定的黑臭水体消除目标，此为国家督促地方开展黑臭水体治理工作的重要督查行动。

在技术规范方面，2015年9月住房城乡建设部发布《城市黑臭水体整治工作指南》，提出了"控源截污、内源治理；活水循环、清水补给；水质净化、生态修复"的技术路线，将"控源截污、内源治理"作为城市黑臭水体整治工作的根本措施。"黑臭在水里，根源在岸上，关键在排口，核心在管网"，为规范控源截污措施，2016年《住房城乡建设部关于印发城市黑臭水体整治—排水口、管道及检查井治理技术指南（试行）的通知》（建城函〔2016〕198号），通过规范排水口改造、排水管道建设和完善、排水管道及检查井各类缺陷修复、雨污混接改造、排水设施管理强化等一整套措施，以期实现消除旱天污水直排、削减雨天溢流，提升污水处理效益、减少污水外渗，降低系统运行水位、恢复截流倍数等多重目标。

2022年4月发布的《深入打好城市黑臭水体治理攻坚战实施方案》，为"十四五"时期城市黑臭水体治理统领性文件，相较于"十三五"时期出现如下几大变化：

（1）首次明确省负总责

"十四五"提出"落实中央统筹、省负总责、地方实施、多方参与的城市黑臭水体治理机制"。相对于"十三五"提出的"落实中央统筹、地方实施、多方参与的城市黑臭水体治理体制",强调了"省负总责"。《"十四五"城市黑臭水体整治环境保护行动方案》清晰地体现了这一变化:省级生态环境、住房城乡建设部门要制定实施省级城市黑臭水体整治环境保护行动方案,指导帮助地方摸清城市黑臭水体现状,督促补齐设施短板、建立健全长效管理机制,对治理成效进行核实;工作任务重点包括核实城市建成区黑臭水体清单;排查城市黑臭水体水质、污水垃圾收集处理效能、工业和农业污染防治、河湖生态修复等方面的问题;判定城市黑臭水体治理成效;建立城市黑臭水体问题清单,督促地方限期整改。优化过去国家"一竿子插到底"的工作模式,充分调动地方尤其是省级部门的主动性、积极性,压实省级部门监督责任,更多结合地方实际、聚焦差异性问题。国家则做好顶层设计、抽查帮扶,发挥好指导、协调、监督作用。

(2)首次将治理范围扩大到县级市

"十三五"黑臭水体治理要求地级市以上城市达到考核要求,"十四五"期间,要求"已经完成治理、实现水体不黑不臭的县级及以上城市,要巩固城市黑臭水体治理成效,建立防止返黑返臭的长效机制"。并要求"到2025年,县级城市建成区黑臭水体消除比例达到90%,京津冀、长三角和珠三角等区域力争提前1年完成"。根据《中国城市建设统计年鉴2020》,中国共有城市687座,其中地级市301座,县级市386座。考虑到县级市的数量虽然较地级市以上城市多,但建成区面积较地级市以上城市数量少,总体上,黑臭水体的数量也会少。因此,从空间范围的增减变化,不难看出"十四五"黑臭水体治理的逻辑:巩固"十三五"地级市以上黑臭水体治理成果,新增县级市的黑臭水体治理。

(3)治理技术强调系统性

"十四五"城市黑臭水体的治理充分地吸取了"十三五"黑臭水体治理的成功经验,对"控源截污""内源治理""生态修复""活水保质"进行了深化。一是针对"十三五"黑臭水体治理过程部分城市污水处理厂进水浓度下降等问题,"十四五"明确要求"到2025年,城市生活污水集中收集率力争达到70%以上";"到2025年,进水BOD浓度高于100mg/L的城市生活污水处理厂规模占比达90%以上",处理措施包括"清污分流"等。二是"十四五"强调流域统筹治理,县级城市建成区面积相较地级及以上城市要小,黑臭水体受农业面源污染、工业污染等影响较大,仅仅聚焦于建成区内难以达到预期目标,需要加强部门协同,形成各司其职、各尽其责的工作格局,以期统筹协调上下游、左右岸、干支流、城市和乡村,遵循水的自然流域属性,对城市建成区内的黑臭水体系统治理。三是系统治理水系,从内源治理、生态修复、水量保障三方面对系统治水进行了统筹,充分体现生态治水理念。

（4）首次提出汛期非定期水质监测

对传统的黑臭水体水质检测继续保留：如每年第二、三季度，对已完成治理的黑臭水体要开展透明度、溶解氧（DO）、氨氮（NH_3–N）指标各监测一次，持续跟踪地方水体水质变化情况。"十四五"提出除有条件的可以增加监测频次之外，要加强汛期污染强度管控，因地制宜开展汛期污染强度监测分析，黑臭水体监测首次提出要开展针对溢流污染、面源控制等的汛期污染浓度监测。

（5）首次强调易淤积地段运行状态的维护

首次提出"定期对管网进行巡查养护，强化汛前管网的清疏管养工作，对易淤积地段要重点清理，避免满管、带压运行"。"十三五"部分城市在黑臭水体治理过程中，部分雨水排放通道被封堵导致内涝问题，部分管网逆坡导致有效过水断面下降，管网内部由重力流变为压力流，在管网破损的情况下容易导致地下空间被掏空，从而导致路面沉降问题。"十四五"更加强调基础设施运维的系统性，即推广实施"厂—网"一体化专业化运行维护，保障污水收集处理设施系统性和完整性。同时鼓励依托国有企业建立排水管网专业养护企业，对管网等污水收集处理设施统一运营维护。

1.5

城市水体治理的规模效应

1.5.1　我国城市规模分类

中华人民共和国成立以来，为符合国情发展实际，我国对城市规模划分标准进行过多次调整。1955年国家建委《关于当前城市建设工作的情况和几个问题的报告》首次提出大中小城市的划分标准，即"50万人口以上为大城市，50万人以下、20万人以上为中等城市，20万人口以下的为小城市"，此后直到1980年国家建委修订的《城市规划定额指标暂行规定》又对城市划定标准进行了调整，重点将城市人口100万人以上的命名为特大城市。1984年国务院颁布的《城市规划条例》又回归到1955年的标准，1989年颁布的《中华人民共和国城市规划法》在明确1984年标准的基础上，指出城市规模按照市区和近郊区非农业人口计算。

2014年《国务院关于调整城市规模划分标准的通知》（国发〔2014〕51号）明确，新的城市规模划分标准以城区常住人口为统计口径，将城市划分为五类七档：城区常住人口50万以下的城市为小城市，其中20万以上50万以下的城市为Ⅰ型小城市，20万以下的城市为Ⅱ型小城市；城区常住人口50万以上100万以下的城市为中等城市；城区常住人口100万以上500万以下的城市为大城市，其中300万以上500万以下的城市为Ⅰ型大城市，100万以上300万以下的城市为Ⅱ型大城市；城区常住人口500万以上1000万以下的城市为特大城市；城区常住人口1000万以上的城市为超大城市（以上包括本数，以下不包括本数）。对比国家历版城市规模划定标准，2014年《国务院关于调整城市规模划分标准的通知》将20万～50万人口规模的中等城市划定为小Ⅰ型小城市，50万～100万人口规模的城市划定为中等城市。

根据《中国城市建设统计年鉴2020》进行城市规模统计，见表1.4。人口在20万以下的城市个数为248个，合计人口3085.61万人；20万～50万人的城市为259个，合计人口规模为8321.62万人；50万人以下小城市个数为507个，占2020年中国城市个数（687）的73.8%，人口占城市人口的25.78%。

根据《中国城乡建设统计年鉴2020》，2020年县城个数为1495个，县城人口为14055万人。2020年，50万以下小城市、县城共2002个，人口31981万人，占全国总人口（141178万）的22.65%，占城镇人口（90199万）的35.5%。

2020年中国城市规模统计表　　　　　　　　表1.4

类别	大城市				中等城市	小城市		县城
	超大城市	特大城市	Ⅰ型大城市	Ⅱ型大城市	中等	Ⅰ型小城市	Ⅱ型小城市	县城
标准/万人	>1000	500～1000	300～500	100～300	50～100	20～50	<20	
人口规模/万人	8076	3379	4747	10112	6518	8321.62	3085.61	14055
数量/座	5	5	12	64	92	259	248	1495

数据来源：《中国城市建设统计年鉴2020》《中国城乡建设统计年鉴2020》。

1.5.2　城市水体治理规模效应现象

城市水体治理涉及资金、技术、人才，作为一项公共事业，还涉及城市政府决策执行力度。大城市资金、技术、人才有较好的基础，在政府机构中，水体治理的相关机构健全，而且大城市中水体问题较早存在，其治理起步也较早，形成了较好的经验与成效。以上海市苏州河治理为例，苏州河是上海人民熟悉的母亲河，它发源于太湖，20世纪初曾是上海的重要水源之一。到1928年，这条河的下游由于两岸工厂林立，水质污染，再也无法提供合格的饮用水源了；1978年，毗邻苏州河的上海大厦，曾耗资350万美元，对客房全部窗户进行彻底改造，换上了密封性好的铝合金窗，以防止苏州河的臭气进入客房。改革开放以后，上海市政府利用世界银行贷款的环保项目——合流污水治理一期工程上马，为上海彻底治理苏州河拉开了序幕。1988年8月25日，工程开工，工程总投资16亿元，到2000年，苏州河基本消除了黑臭。之后，从1999年开始，苏州河环境综合整治工程提出了更高目标和要求，一期总投资高达86亿元，这个大项目不但要让苏州河变清，还要使河两岸变美。历时20多年，苏州河环境综合整治先后实施了四期工程，最终苏州河两岸不仅实现贯通和景观提升，还实现了全流域水质提升，从"鱼虾绝代"到"人见人爱"，苏州河实现了从黑臭水体到"水上会客厅"的华丽转身。可见，大城市在推动水体治理、滨水空间开发方面具有较为成熟的经验，对水体的治理有客观需求、经济承受力强。

中小规模城市则呈现另一种态势，一是这类城市大部分没有相关的大学科研机构，人才、技术资源较为缺乏；二是这类城市也是近些年快速城镇化的主要载体，城市规模扩张较快，城市建成区面积可能扩大2~3倍甚至更多，城市水问题较为突出，以前的城市水问题尚未解决，新的水问题又随着城市建设产生。以常德市为例，相较于1990年，2015年城区总面积增加了约4倍，由23km²扩大到近100km²，原来的城郊河流，如穿紫河变成了城市中心的河流，部分水体被填埋，穿紫河变成了断头河，水体黑臭、城市内涝频发。2003年，常德市组建穿紫河工程建设指挥部，启动穿紫河治理工程，针对水质黑臭问题和内涝问题，采取河道清淤、泵站改造、沅江引水、边坡硬化、部分水系连通等措施。2008年8月，常德市规划局组织编制了《"水城常德"——常德市江北区水敏型城市发展和可持续性水资源利用总体规划》，船码头雨水泵站改造是第一个示范项目，针对分流制区域内管道混接现状，采用生态滤池净化混流污水，降低排水对河道的污染。回顾2004年以前常德市城市治水措施，在城市内河水系治理方面，缺乏系统性、整体性的工程方案，部分工程措施甚至是错误的，如河道水系的填埋，所以在内河治理方面成效甚微。2013年7月，船码头泵站项目建成投入使用，个案取得了成功，但是此时项目工程都是点状分布，单个示范很好，却难以产生相应的片区效应，导致到2015年海绵城市建设试点启动时，穿紫河依然为城市黑臭水体。

由于资金、技术、人才、机构设置等中小城市和大城市有较大的区别，导致城市水体治理呈现规模效应，这种现象与我国城市发展历程、基础设施建设等密切相关。

1.5.3　中小城市发展历程

中小城市是伴随着我国城市化进程发展起来的。过去40余年，我国城镇化率由

1978年的17.9%增长至2020年的63.89%；城镇人口由1978年的1.7亿增长到2020年的9.0亿，40多年的快速城镇化支撑了中国经济的高速发展，实现了"乡土中国"向"城市中国"的巨大变迁[1]。

中华人民共和国成立初期，作为一个农业大国，城市的发展受到政府的严格控制。因此，一直到改革开放，中国的城市主要是行政中心，在经济建设中还没有起到应有的作用。改革开放后，城市对于经济发展的作用逐渐凸显出来。改革开放后中小城镇的发展依托于我国城镇化发展，其发展历程大致包括以下几个阶段：中小城镇积极发展期（1978年至20世纪80年代中期），中小城镇快速发展期（20世纪80年代中期至90年代初），大中小城市协同发展期（20世纪90年代初至2010年）和推动县城高质量发展期（2020年至今）。我国中小城市在这几个阶段呈现出明显的时代特色。

（1）1978年至20世纪80年代中期，中小城镇积极发展

1978年十一届三中全会拉开了农村经济体制改革的序幕。农村家庭联产承包责任制普遍推行，激发了农民的生产积极性，农业劳动生产率大幅度提高，使农业生产得到突飞猛进的发展，从根本上改变了我国农副产品严重供不应求的局面，为城镇吸收更多的人口和城市轻纺工业的发展奠定了物质基础。乡镇企业的异军突起，使农村非农化取得了突破性进展，为农村城镇化奠定了坚实的产业基础。旧的工农业、城乡二元分割发展格局被打破，新兴小城镇迅速发展起来。1980年12月，国务院批转了《全国城市规划工作会议纪要》，明确"控制大城市规模，合理发展中等城市，积极发展小城市"的发展思路。这一阶段我国的城镇化取得了长足的发展，城市总数由1978年的190个增加到1984年的300个，建制镇数由2173个增加到7186个，城镇人口由17245万人增加到24017万人，城镇化水平由1978年的17.92%提高到1984年的23.01%。1983年曾达到23.5%，年均增长1%。

（2）20世纪80年代中期至90年代初，中小城镇快速发展

1984年1月，中共中央发布的一号文件《关于1984年农村工作的通知》指出，"随着农村分工分业的发展，将有越来越多的人脱离耕地经营，从事林牧渔等生产，并将有较大部分转入小工业和集镇服务业，这是一个必然的历史进步。"《关于1984年农村工作的通知》中还规定："1984年，各省、自治区、直辖市可选若干集镇进行试点，允许务工、经商、办服务业的农民自理口粮到集镇落户。"

1984年10月，国务院发布了《关于农民进入集镇落户问题的通知》，要求各级人民政府积极支持有经营能力和有技术特长的农民进入集镇经营工商业。同年11月，国

---

[1] 王凯. 中国城镇化的绿色转型与发展［J］. 城市规划，2021（12）：9–16,66.

务院又批转了民政部《关于调整建制镇标准的报告》，修订设镇标准："凡县级地方国家机关所在地，或总人口在20000人以下的乡，乡政府驻地非农业人口超过2000人的，或总人口在20000人以上的乡，乡政府驻地非农业人口占全乡人口10%以上；或少数民族地区、人口稀少的边远地区、山区和小型工矿区、小港口、风景旅游区、边境口岸等地，非农业人口虽不足2000人，确有必要，都要建镇。"这些政策的实施，拓宽了农村人口向城镇的流动，加速了中小城市建设的进程。

1989年通过的《中华人民共和国城市规划法》规定国家实行严格控制大城市规模、合理发展中等城市和小城市的方针。这一阶段，乡镇企业和城市改革作为双重动力，推动着城镇化的发展。国家开始采取严格控制大城市扩张和鼓励小城市成长及发展农村集镇的新政策。从土地上解放出来的农民在创造了"离土不离乡、进厂不进城"的农村工业化模式之后，又形成了"离土又离乡、进厂又进城"的小城镇化模式。这一阶段城镇化的特点是老城市发展比较缓慢，新城市特别是小城镇、小城市快速发展占主导地位。

1984年和1986年国家先后放宽建制市镇的标准，建制市的数量大量增加。1992年全国建制市达到517个，比1984年的300个增加了217个，1980年建制镇7186个，80年代中期增加到9140个，1992年又增加到14539个。城镇人口增加到24017万，城镇化水平由23.01%上升到27.46%。

（3）20世纪90年代初至2010年，大中小城市协同发展

1993年国务院批转《民政部关于调整设市标准报告》中提出："为了适应经济、社会发展和改革开放的新形势，适当调整设市标准，对合理发展中等城市和小城市，推进我国城市化进程，具有重要意义。"设市标准的具体调整见表1.5。

设立县级市的标准 　　　　　　　　　　　　　　　　　　表1.5

人口密度/ （人/km²）	从事非农产业的 人口比率及数量	工业产值及在工 农业总产值比率	三产业/国内 生产总值/%	财政收入/万元
＞400	≥30%，≥12万人	≥15亿元，≥80%	≥20	≥6000
100～400	≥25%，≥10万人	≥12亿元，≥70%	≥20	≥5000
＜100	≥20%，≥10万人	≥8亿元，≥60%	≥20	≥4000

报告中还对具备下列条件之一者，实施设市条件放宽政策：①自治州人民政府或地区（盟）行政公署驻地。②乡、镇以上工业产值超过40亿元，国内生产总值不低于25亿元，财政收入超过1亿元，上解支出超过50%，经济发达、布局合理的县。③沿海、沿江、沿边境重要的港口和贸易口岸，以及国家重点骨干工程所在地。④具有政

治、军事、外交等特殊需要的地方。同时指出，国家和部委以及省、自治区确定予以重点扶持的贫困县和财政补贴县原则上不设市。

设立地级市的标准调整为：市区从事非农产业的人口25万人以上。其中市政府驻地具有非农业户口的从事非农产业的人口20万人以上；工农业总产值30亿元以上，其中工业产值占80%以上；国内生产总值在25亿元以上；第三产业发达，产值超过第一产业，在国内生产总值中的比例达35%以上；地方本级预算内财政收入2亿元以上，已成为若干市县范围内中心城市的县级市，方可升格为地级市。国家的这一调整推动了城镇化的新发展，城镇人口进一步增加，城镇化率进一步上升。到1995年，全国建制镇发展到17532个，城镇总人口数达到35174万人，人口城镇化率提高到29.04%。

1998年，《中共中央关于农业和农村工作若干重大问题的决定》中又提出"小城镇，大战略"问题，确立了小城镇在我国城市化过程中的重要作用。指出"发展小城镇，是带动农村经济和社会发展的一个大战略，有利于乡镇企业相对集中，更大规模地转移农业富余劳动力，避免向大中城市盲目流动"。此后，《中华人民共和国国民经济和社会发展第十个五年计划纲要》提出要有重点地发展小城镇，积极发展中小城市，完善区域性中心城市功能，发挥大城市的辐射带动作用，引导城镇密集区有序发展。

2007年以后，随着国家主体功能区规划、国家级区域规划和国家级创新试点城市规划等政策密集出台，我国区域城市群已经借势得到了较快的发展。截至2012年底，国内已经基本形成了京津冀、长三角、珠三角、山东半岛、辽中南、中原、长江中游、海峡西岸、川渝和关中等10大城市群。

这一时期，我国城镇化高速发展的势头有所减缓，城镇化率平均每年提高约1.07%，平均每年增长2.3%。建制市镇数量有所减少，但单个城镇规模迅速扩张，尤其是大城市。

（4）2020年至今，推动县城高质量发展期

2020年以后，国家赋予以县城为代表的中小城市承担更多城镇化的功能，并就县城等小城市的发展做出了安排。2020年5月，《国家发展改革委关于加快开展县城城镇化补短板强弱项工作的通知》（发改规划〔2020〕831号）指出，县城公共卫生、人居环境、公共服务、市政设施、产业配套等方面仍存在不少短板弱项，综合承载能力和治理能力仍然较弱，对经济发展和农业转移人口就近城镇化的支撑作用不足。在建设领域方面，各地区要瞄准市场不能有效配置资源、需要政府支持引导的公共领域，聚力推进17项建设任务。

为充分发挥企业债券融资对县城新型城镇化建设的积极作用，2020年8月国家发展改革委发布《县城新型城镇化建设专项企业债券发行指引》，该文件明确，县城新型城镇化建设专项企业债券由市场化运营的公司法人主体发行，适用范围为县城及县级市城区内的，兼顾镇区常住人口10万以上的非县级政府驻地特大镇、2015年以来"县改区""市改区"形成的地级及以上城市市辖区的项目。本次专项企业债券主要支持县城产业平台公共配套设施、县城新型基础设施以及支持环境卫生、市政公用、商贸流通、新型文旅商业消费聚集区公共配套等设施等领域。这表明国家正加快推进县城城镇化补短板强弱项工作。

2021年11月《中共中央 国务院关于深入打好污染防治攻坚战的意见》提出：到2025年，县级城市建成区基本消除黑臭水体，京津冀、长三角、珠三角等区域力争提前1年完成。整县推进畜禽粪污资源化利用。规范工厂化水产养殖尾水排污口设置，在水产养殖主产区推进养殖尾水治理。到2025年，农村生活污水治理率达到40%，化肥农药利用率达到43%，全国畜禽粪污综合利用率达到80%以上。2022年3月《住房城乡建设部 生态环境部 国家发展改革委 水利部关于印发深入打好城市黑臭水体治理攻坚战实施方案的通知》明确指出，到2025年，县级城市建成区黑臭水体消除比例达到90%，京津冀、长三角和珠三角等区域力争提前1年完成。

2022年5月，中共中央办公厅、国务院办公厅印发《关于推进以县城为重要载体的城镇化建设的意见》，明确到2035年，以县城为重要载体的城镇化建设取得重要进展，县城短板弱项进一步补齐补强，一批具有良好区位优势和产业基础、资源环境承载能力较强、集聚人口经济条件较好的县城建设取得明显成效。明确了大城市周边县城、专业功能县城、农产品主产区县城、重点生态功能区县城、人口流失县城等五类县城的发展方向，并就县城就业、基础设施、公共服务供给等方面做了明确规定。

1.5.4 中小城市基础设施特征

（1）基础设施服务质量与需求不相适应

从县城和中小城市的发展历程分析，中小城市及县城起步于城镇，部分地区存在"重量的扩张，轻质的提高"情况，经过多年的建设，基础设施缩小了与大城市的差距，县城的污水处理率由2000年的7.55%提升到2020的95.05%，相比2020年全国平均污水处理率97.53%，已经没有较大的差距。但在质的方面，以城市生活污水集中收集率为例，全国2020年城市平均为62.8%，但部分中小城市、县城该指标仅仅只有30%～40%。中小城市和县城基础设施行业专业人才培养有待加强，专业科研人员、管理人员的数量和质量都不能满足发展需求，人才的专业化培养力度不够，影响了中小城市基础设施的规划设计、建设、服务及管理水平，进而限制了中小城市基础设施发展水平的提升。

（2）基础设施水平区域差异大，发展不平衡

东部地区经济发展水平高，基础设施建设资金相对充足，中小城市基础设施总体发展水平位于全国中小城市基础设施发展水平的前列；西部地区对中央和地方财政支持依赖性强，近年来随着国家投入加大，基础设施建设速度加快，但总体发展水平仍较落后；中部地区主要依靠地方政府投资和自筹资金，基础设施发展位于全国中游水平，但仍滞后于城镇化快速发展的需要，处于瓶颈阶段，部分指标，如人均道路面积和生活垃圾无害化处理率甚至不及西部地区。以污水处理为例，2020年辽宁省县城建成区排水管网密度仅为5.93km/km^2，江苏省县城建成区排水管网密度达到了12.41km/km^2，基础设施已成为制约城市提升品质的重要因素。

（3）中小城市基础设施建设投融资渠道较窄，市场化机制不完善

目前，多数中小城市和县城基础设施尚没有形成多元化的投资渠道，市政基础设施建设主要依靠中央和地方财政拨款、国内贷款和自筹资金。就基础设施建设资金而言，多数中小城市和县城财政能力有限，融资渠道也受到市场因素限制，非经营性基础设施，如城市道路、绿化、部分配套设施都缺乏融资途径，即使是经营性基础设施，受到拆迁成本高、城市规模小、用户收费困难等条件限制，其建设和运营状况也不乐观。另外，中小城市和县城公用产品、服务等的价格体制改革也相对滞后，城市基础设施缺乏自我积累和发展的能力，这也制约了城市基础设施建设和运行的良性循环。2020年全国县城人均基础设施固定资产投资仅相当于北京的25.76%。

1.6

中小城市黑臭水体治理面临的问题

1.6.1 县城基础数据缺乏

目前全国城市黑臭水体数据库已经建立，但县城黑臭水体基础数据库缺乏，直接影响县城黑臭水体治理的总体推进。根据《水污染防治行动计划》，到2030年，建成区黑臭水体总体得到消除，其前提基础是黑臭水体摸排清楚。根据国家城市黑臭水体治理的历程，全国黑臭水体由2015年底公布的1861条到2021年初的2869条，城市黑臭水体的摸排一直伴随着黑臭水体整治的工作，是城市黑臭水体治理最为基础性的工作。

从"十三五"城市黑臭水体治理的过程来看，城市黑臭水体数据库的建设是一个动态的过程。现行城市黑臭水体数据以各地上报为主，辅以督查发现、群众举报等。根据新华网消息❶，2016年2月份全国295座地级及以上城市，除77座城市未发现黑臭水体外，218座城市排查出1861条黑臭水体，该数据基本为城市自查上报。督查在黑臭水体数据库建设中也起到了重要作用，根据2018年生态环境部联合住房城乡建设部组织32个督查组的督查消息❷，2018年督查组通过查阅地方黑臭水体整治方案、核实举报信息以及扩大巡河范围，新发现18个城市的255个未向国家上报的黑臭水体。市民监督起到了有益的补充作用，全国黑臭水体整治信息发布平台发布了黑臭水体公众监督APP，市民通过APP可以举报黑臭水体，如图1.2、图1.3所示。市民通过APP举报后，举报信息纳入黑臭水体举报信息数据库，再交由地方政府核查。

城市黑臭水体的治理是一项长期的工作，《水污染防治行动计划》提出：到2020年，地级及以上城市建成区黑臭水体均控制在10%以内；《中共中央关于制定国民经济和社会发展第十四个五年规划和二〇三五年远景目标的建议》提出，治理城乡生活环境，推进城镇污水管网全覆盖，基本消除城市黑臭水体。城市黑臭水体的治理从2015年摸排到2025年基本消除，历经10年时间，是一个长期的过程。

我国县城数量多，治理范围更为分散，县城的黑臭水体治理工作是一项长期性的工作。根据《中国城乡建设统计年鉴2019》，2019年全国共有县城1516个，县城人口

图1.2 黑臭水体公众监督APP

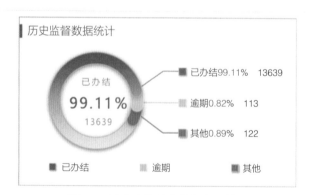

自2016年2月18日微信公众号发布以来（截至2020年2月9日），累计收到监督举报信息共13874条，地方主管部门已办结13639条，逾期未回复113条。

图1.3 黑臭水体公众监督办理情况

❶ http://www.xinhuanet.com/politics/2016-02/18/c_1118089070.htm.
❷ https://baijiahao.baidu.com/s?id=1607110524072838544&wfr=spider&for=pc.

1.41亿，暂住人口1755万，平均每个县城人口10.5万；县城建成区面积20672km²，县城平均面积为13.6km²。2019年，全国县城人口为城市人口数量（4.35亿）的32.42%；县城建成区面积为城市建成区面积（60312.5km²）的34.27%；县城黑臭水体具有分布较为广泛的特征，但缺乏黑臭水体分布的基础数据，直接影响县城黑臭水体治理的总体成效判断。

1.6.2　基础设施欠账较多

受到地方财政实力、经济发展等因素的影响，我国城市基础设施投资明显倾向于大城市，由于投资力度不足，中小城市基础设施建设薄弱。

排水基础设施不足是黑臭水体的主要成因之一。根据《中国城市建设统计年鉴2019》、《中国城乡建设统计年鉴2019》的数据，2019年全国县城建成区路网密度为6.58km/km²，排水管网密度为9.27km/km²；同期全国城市建成区路网密度为6.56km/km²，排水管网密度为10.50km/km²。县城建成区的路网密度与城市基本相同，甚至略高，但县城的排水管网密度较城市排水管网密度低1.23km/km²，按照排水管网密度达到城市标准计算，需要建设管网2.54万km；按投资250万元/km计算，合计需投资635亿元，平均每个县城需投资4200万元，建设管网16.8km。当然这仅仅是县城参考城市的标准补齐短板，如果参考发达国家的标准，如日本、美国分别为25km/km²和15km/km²，基础设施建设欠账就更大了。

长期以来，城市公益性基础设施由政府投资，具有经营收益的基础设施往往由市场主体投资建设运维。污水基础设施的运营维护通常采用"厂网分离""厂网一体"等两种模式。由于中小城市污水运行收费总体规模较小，且普遍存在运行维护人员较多的情况，具有收益的污水处理厂往往很难拿出资金进行污水管网的改造，导致污水管网低水平运行，进而导致生活污水排入河道。

1.6.3　全链条技术储备不足

2018年5-7月，生态环境部、住房城乡建设部联合对全国30个省（自治区、直辖市）共计70个地级及以上城市的993个上报完成整治的黑臭水体进行了现场督查。70个地级及以上城市包括36个重点城市、长江经济带每省抽查的2个地级城市以及其他省（自治区）抽查的1个城市。按照生态环境部7月例行新闻发布会信息可知，993个黑臭水体在治理过程中存在的主要问题有4类，如图1.4所示。

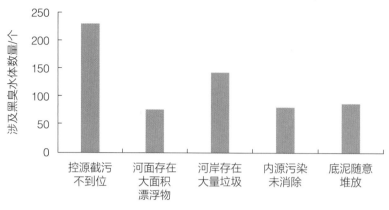

图1.4　2018年5—7月黑臭督查水体情况

（1）控源截污不到位

此类问题共发现了440个，占总问题数量的42.6%，涉及219个水体，主要表现为存在非法排污口、城镇污水管网不配套、异地排放等。

（2）垃圾收集转运、处理处置措施不到位

河面存在大面积漂浮物，河岸存在大量垃圾，分别涉及65个和132个水体。

（3）内源污染未消除

其中，69个水体重污染底泥没有得到有效清除，存在大面积翻泥现象，76个水体涉及底泥随意堆放。另外，还存在着黑臭水体排查不认真，部分地区治标不治本现象。

（4）整治方案不科学

督查结果表明，部分黑臭水体河道整治方案缺乏或者整治方案不科学。

"整治方案不科学"是地级以上城市黑臭水体治理的四大主要问题之一，中小城市由于科研院所分布、专业技术人才队伍等，导致黑臭水体治理的不确定性进一步加大。城市黑臭水体治理，表象是排口污水直排、河道内源以及沿岸垃圾堆放，在整治方案制定中，首先是排口摸查及分类整改，然后是河道内源治理及河道两岸垃圾整治；在此基础上，还需进一步进行管网的详查和整改。但在现实中，部分县城没有建立管网数据库，县城的管网走向仅仅依靠住建局或者排水公司等经验丰富的老同志根据记忆描述，这种情况下，就难以找到雨污水混错接的问题、管网破损的问题，进而很难做出解决问题的方案。

技术储备的不足还表现为建设运维技术人员不足。在快速城镇化阶段，由于排水基础设施往往随道路建设，且受工期紧张等因素限制，导致排水管网施工质量把关不严，进而导致雨污水管网混错接、管网错位等问题的发生。黑臭水体治理中需要重点解决的问题，涉及城市管网施工技术、质量控制技术、城市管网诊断技术、城市管网修复技术、合流制区域溢流控制技术。在县城，由于黑臭水体治理工程体量小，往往不会有大型企业进入，导致该层级的黑臭水体治理总体处于参差不齐的水平。

1.6.4 治理资金缺口较大

黑臭水体治理资金的来源渠道包括中央补助资金、政府债券资金、市区预算安排、土地出让、城维费以及社会资本等。在中央和省级行政对下的转移支付中，专项转移支付不仅比例大，而且配套要求较高。这种配套要求下，县级政府千方百计地凑够标准，进而造成巨大的财政压力。以延川县为例❶，2019年，全县一般预算收入26497万元；上级补助收入完成235374万元，其中，返还性收入2536万元，一般性转移支付收入171314万元，专项转移支付收入61524万元，债券转贷收入31777万元；一般公共预算支出261503万元。按照上述计算的黑臭水体治理投资强度0.55亿元/km^2，县城平均面积为13.6km^2，平均投入为7.48亿元/县，按5年平均投入计算，每年需要1.5亿元；该投资需求占延川县一般预算收入的56%以上，延续5年，这种项目基本在县级政府中很难安排；如果依赖于专项转移支付，一般要求按1：1或1：2配套，县级政府难以推行县级黑臭水体治理。

地方财政收入以1994年制定的分税制为基础，当时实施分税制的主要目的是提高两个比重，即全国财政收入占GDP的比重和中央财政收入占GDP的比重。省以下各级政府间的收入划分，形式多种多样，总体有以下几种情况：一是将主要行业或主要支柱产业收入划归省级，市县级不参与分享。二是划归地市或县市的固定收入税种较多，但收入规模很小，如房产税、城建税、车船税等。三是大多数将收入规模较大、收入较为稳定的税种设置为省与地市县的共享收入。四是按隶属关系划分省级固定收入和县级固定收入。县级财政是地方财政中事权的主要承担者，县级可用财力由本级一般预算收入、两税返还、所得税基数返还、原体制补助、专项补助、一般性转移支付等内容构成。一般预算收入在可用财力中占的比重越大，地方政府的相对独立性就会越强。根据研究，中国县级财政状况的显著特征表现为，东部地区县市域经济发达，财政状况普遍较好。中部地区县市域经济发展不平衡、不稳定，特别是部分依赖资源开采的省份，县市域财政状况随着经济状况不断波动。西部地区经济发展落后，县市域财政自给率较低。总体看，目前县级政府的财政状况普遍不佳，多数市县财政收小于支，严重依赖转移支付，进而制约了黑臭水体治理资金的投入。

社会资本参与水环境治理受规模的影响较大。根据市场调研，PPP（政府和社会

---

❶ http://www.yanchuan.gov.cn/zfxxgk/fdzdgknr/zdly/czxx/zfczyjs/1559758096824270849.html.

资本合作）的规模影响市场的进入，当PPP规模较小时，由于建设部分比例低，导致建设利润较低，大型有实力的企业不愿意进入，进而导致县城层面的黑臭水体治理基本处于一种低水平、重复治理的状态。

1.7

中小城市水体治理发展趋势

1.7.1 治理对象：扩到县城

"十三五"期间，中国地级市以上黑臭水体治理率达到了98.2%。2022年3月，《住房城乡建设 生态环境部 国家发展改革委 水利部关于印发深入打好城市黑臭水体治理攻坚战实施方案的通知》，确定将县级市纳入城市黑臭水体整治范畴，并要求"2022年6月底前，县级城市政府完成建成区黑臭水体排查，制定城市黑臭水体治理方案。到2025年，县级城市建成区黑臭水体消除比例达到90%，京津冀、长三角和珠三角等区域力争提前1年完成"。与此同时，国家也加大了农村的黑臭水体治理力度，"十三五"期间发布了《农村人居环境整治三年行动方案》《关于推进农村黑臭水体治理工作的指导意见》。为指导各地组织开展农村黑臭水体治理工作，2019年，生态环境部发布了《农村黑臭水体治理工作指南（试行）》；2022年1月，生态环境部、农业农村部、住房城乡建设部、水利部、国家乡村振兴局联合印发《农业农村污染治理攻坚战行动方案（2021—2025年）》，确定到2025年，"新增完成8万个行政村环境整治，农村生活污水治理率达到40%，基本消除较大面积农村黑臭水体"。

在中国的行政层次上，县级市以上、农村的黑臭水体治理已经纳入国家统筹督促治理的范畴，县城作为我国推进城镇化的重要载体，按照中共中央办公厅、国务院办公厅印发的《关于推进以县城为重要载体的城镇化建设的意见》要求，应加强县城黑臭水体治理，为县城建成区居民提供良好人居环境。可以乐观地看到，在城市、农村都取得较好经验的基础上，县城的黑臭水体治理将会驶入快车道。

1.7.2 治理技术：灰绿协同

中小城市黑臭水体成因兼顾城市和农村的特点，既有城市基础设施不完善导致的黑臭水体，也有因农村面源输入导致的城市黑臭水体。在治理技术的选择上，除了考虑技术的可行性外，还需要考虑经济的合理性和操作的可行性。一方面，从城市的基础设施方面考虑，中国的排水体制经历了三代排水系统，即第一代直排合流制排水系统、第二代截流式合流制排水系统和第三代雨污分流制排水系统。在现行条件下，完全实行雨污分流改造不现实，很多老旧小区、城中村因为投资额巨大、资金来源难、施工难度大、施工周期长等各种原因，根本无法实施雨污分流。另一方面，从农业农村面源控制与处理考虑，采用集中式处理方式往往也难以奏效。因此在中小城市水环境治理方面，需要采取有针对性的技术，在兼顾城市与农村污染源的特点、建设与运维的特点以及投入与产出的特点基础上，选择合适的技术。

在具体技术选择上，可针对排水系统特征，采取普适性的技术。第一、二代排水系统，可采用建设截污干管与设溢流控制设施，消除旱流污水排放，控制溢流污染浓度与频次；针对雨污分流制排水系统，主要采用排口溯源技术，改正错接混接点，消除旱流污水直排；针对农业畜禽养殖宜采用生态循环利用技术，将畜禽养殖粪便作为有机肥；对于分散式水产养殖，因其污水、尾水量大，宜采取生态化处理，如海南针对水产养殖的"三池两坝"技术即是如此。

在合流制溢流污染控制方面，结合小城市土地资源相对富裕的情况，可采取生态的处理方式，建设调蓄池+生态湿地，在调蓄池后增加生态湿地，通过生态湿地处理，可进一步降低溢流污染物浓度，减少合流制雨水进入污水处理厂的处理量，同时生态湿地也可以作为城市重要的公共空间，为市民提供休闲游憩的场所。

污水提质增效是黑臭水体治理的关键点之一。中小城市往往同时存在管网密度低与管网质量差的问题，沿河截污干管管顶标高常低于河道常水位，由于管网的破损，大量河水进入污水管道，或者污水进入河道，因此重点加大对沿河截污干管、污水干管的修复，合理降低河道常水位，以大幅减少外水进入污水管网，提高污水处理厂进水BOD浓度。

1.7.3 治理空间：城市空间

早期，城市河流主要功能为洪水行泄通道，城市河道的治理主要聚焦于河道本身，通过河道断面拓宽、裁弯取直、堤防建设等治理河道，提升河道的防洪能力。随着城市对公共空间需求的不断提高，城市滨水空间逐渐成为关注的对象，2009年发布的《城市水系规划规范》GB 50513—2009明确水系保护的核心是建立水体环境质量保护和水系空间保护的综合体系，通过划定水域、滨水绿带和滨水区保护控制线，保护水域空间，塑造城市滨水景观风貌（图1.5）。《城市水系规划规范》GB 50513—2009

的一大特色亮点是将河流作为城市内部重要的公共空间，将水体、滨水空间以及滨水建筑三个空间作为一个整体，在水体保护、利用、滨水建筑景观风貌塑造等方面统筹规划。

2015年，我国首批试点海绵城市将上述理念进一步深入，城市水体的治理，不仅仅是上述三个空间，城市水体的治理还与汇水分区、排水分区有紧密关系。在汇水分区内进行蓄排平衡，确定河道水系空间，减少内涝的发生；在城市排水分区内，控制城市面源污染、合流制溢流污染等问题。

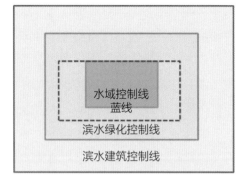

图1.5　城市水体治理空间示意图

1.7.4　治理范围：小流域为基础

中国小流域综合治理起步于20世纪80年代初，初始时以水利部门主导的水土流失治理为主，以小流域为治理单元，一条大流域可以划分为成百上千，乃至上万条小流域。随着我国持续的水环境治理，大江大河水质总体向好，但三、四级支流问题相对较多。部分流经中小城市的小河流，城市外水产养殖、农业农村面源污染已成其主要污染源，仅仅在中小城市内部治理已经难以达到改善水环境的目标，因此小流域统筹治理城市水环境提上了日程。

2023年《水利部 农业农村部 国家林业和草原局 国家乡村振兴局关于加快推进生态清洁小流域建设的指导意见》（水保〔2023〕35号）明确："用5年时间，全国形成推进生态清洁小流域建设的工作格局。其中，东部地区以村庄或城镇周边水系和水源地为重点，整体推进生态清洁小流域建设；中西部地区以自然资源禀赋条件较好和经济社会发展水平较高的区域为重点，建成一批示范作用明显的生态清洁小流域。"自此，小流域治理已经从治理水土流失为主转入清洁小流域，治理的内容既包括水土流失，也包括水环境整治。

以流域为基础的空间治理已经进入了实践阶段，以经济、社会、生态的良性互动推动可持续发展。2022年，湖北省委制定和发布了《湖北省流域综合治理和统筹发展规划纲要》。该规划纲要提出以流域综合治理明确并守住安全底线，分区分类分级建立安全管控清单；在确保安全的基础上，着力推动四化同步发展，推进统筹规划、规划统筹，因地制宜确立经济社会发展正面清单。该规划纲要提出因地制宜找到找准推进四化同步发展的切入点和着力点，"让该干什么的地方干什么"，推动工业化和城镇化良性互动，城镇化和农业现代化相互协调，信息化和工业化、城镇化、农业现代化深度融合，促进城乡融合和区域协调发展。

1.7.5 治理目的：治水营城

城市水系空间是中小城市重要的绿色公共空间，这为中小城市治水营城提供了重要的空间基础。从"十三五"起，全国各地开展城市黑臭水体治理，可以预期到"十四五"末我国城市建成区黑臭水体基本消除，城市滨水空间作为市民公共空间将会有较好的水环境基础。

从水环境治理到治水营城，在国内外都有较好的成功案例。以新加坡为例，ABC水计划是新加坡应对城市降雨径流管理难题的核心策略。在其系统的综合治水框架指引下，新加坡探索出了一套兼顾雨水资源利用、防洪除涝、水环境质量改善、滨水空间品质提升的生态治水路径。ABC水计划包含三个部分：A（Active）活跃，旨在水体边打造宜居的生活、活动及休闲为一体的社区空间，并通过政府鼓励市民参与并共享；B（Beautiful）美丽，提倡将水环境打造成观水、戏水的可亲水活力空间，将水与公园、居住区和商业区等活动区的发展融为一体；C（Clean）清洁，旨在通过源头清洁、降低流速、雨水再利用等全局性的管理计划来提高水质，美化滨水景观，减轻缺水现状。

治水营城的另一重要表现就是城市滨水空间的复兴。20世纪50年代末至60年代初，为了推动城市经济的发展和振兴，焕发城市中心的活力，北美率先发起了城市滨水地区重建和再开发运动，并逐渐蔓延到欧洲，到了80年代，城市滨水区复兴运动几乎遍及全球。

国内滨水空间复兴也有较多的实践，如海口三角池的修复、三亚市三亚河的打造，重庆"两江四岸"的建设等。治水营城的基础是通过治理水环境，为市民提供可以接近、利用的公共空间，并以此为基础，打造滨水特色空间，引入滨水业态，达到治水营城的目的。

2

第二章

城市水体解译
研究

2.1

**城市水体遥感
解译基础**

2.1.1　城市水体光谱特征

卫星遥感影像反映了地物对电磁波的反射及地物本身的热辐射信息。各种地物由于结构组成及物理化学性质的不同，对电磁波的反射及地物本身的热辐射都存在着差异。几种典型地物的光谱特征曲线[1] 见图2.1。

天然纯净水体对0.4～2.5μm电磁波的吸收明显高于绝大多数其他地物，水体的反射主要在蓝绿光波段，其他波段吸收率很高。在可见光范围内，水体的反射率总体上比较低，不超过10%，一般为4%～5%，并随着波长的增大逐渐降低。在红外波段，水体吸收的能量高于可见光波段，纯净水体吸收了近红外及中红外波段内几乎全部的入射能量，反射能量很少；而植被和土壤在这两个波段吸收的能量较小，具有较高的反射率，这使得纯净水体在这两个波段与植被和土壤有明显区别。水体在电磁波波谱各波谱段上反映的特征是遥感图像水体提取的基础，在遥感中常利用近红外波段构建模型来确定水体的位置和轮廓。

河水的特征光谱本质上包含水体自身、河底以及水体中的悬浮物质（泥沙和叶绿素）的光谱信息，因此不同河流的反射光谱会随着河流的深度、悬浮物质等的多少而不同。卫星遥感影像是基于不同地物对电磁波的不同反应及地物本身的热辐射信息产生，江河湖泊的水一般不是纯净水，主要反射出的是由透射入水的光与水中叶绿素、

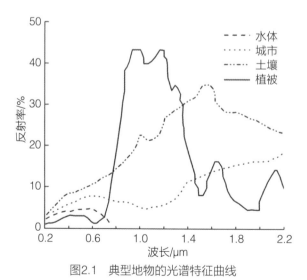

图2.1　典型地物的光谱特征曲线

---

[1] 童庆禧. 中国典型地物波谱及其特征分析［M］. 北京：科学出版社，1990.

泥沙、水深及其热特征等相互作用的结果，所以水体一般在遥感影像上呈现为绿色。基于上述原理，水体在光谱反应上一般在蓝绿光波段吸收率较低，其他波段尤其是红外波段吸收率相对高很多，而植被和土壤在这2个波段吸收的能量较小，反射率较高，这使得水体在这2个波段与植被和土壤有明显区别。因此在遥感中常利用近红外波段构建模型提取水体信息，水体在电磁波各波谱段上反映的特征是利用遥感技术提取水体的基础。

2.1.2 城市水体解译方法

2.1.2.1 解译方法概述

遥感水体提取的发展已有几十年，经历了从目视解译，到光谱特征提取、自动分类再到光谱与空间信息结合等多个阶段。水体提取经历了从最初只能利用人工目视辨别的方法，到对以半自动化为主的光谱、纹理和空间等信息的提取，再到基于深度学习的全自动化水体高精度提取。提取的方法层出不穷，总体目标为基本实现水体的高精度自动提取。

利用遥感信息合成水体图像的方法可分为单波段法、多波段法、水体指数法。单波段法是利用遥感影像中的短波红外波段提取水体。单波段法简便，但难以消除影像中山体阴影的影响。在此基础上发展出多波段法，也称为多光谱分析法，此方法是通过分析水体与背景地物的波谱曲线特征，建立逻辑判别表达式，进而从影像中分离出水体。多波段组合法是通过不同波段的优势组合，从而达到抑制植被和土壤信息、增强水体信息的效果。通过实验研究发现区域中对提取水体敏感的光谱构造敏感因子，再利用敏感因子组合条件来提取含水河段。敏感因子是人为构造的为了专门研究目的组合而成的新波段，其使用方法与单波段完全一样。从数字图像处理的角度来说，它实际上是其他波段信息的线性组合。常用的组合方法是波段之间的加法、减法和比值法。它虽然不是一个新的波段，但它能够使图像的某种特征表现得更加清楚。归一化差异水体指数是水体指数的一种，它的提出有效地削弱植被土壤等非水体因素的影响。

2.1.2.2 单指数法

1. 归一化差异植被指数NDVI

Rouse[1]等提出了归一化差异植被指数NDVI（Normalized Difference Vegetation Index），NDVI常用于监测植被的生长状态，通过利用水体在红光波段和近红外的反

---

[1] Rouse, J.W, Haas, et al. Monitoring Vegetation Systems in the Great Plains with ERTS. Proceedings, 3rd Earth Resource Technology Satellite (ERTS) Symposium, vol. 1, 1974, p. 48–62.

射率差距最小的特点来区分水体和非水体，经过波段运算得到的NDVI值一般在-1到1之间，其中水体的NDVI值一般小于0，植被的NDVI值大于0，可以利用这个特性寻找合理的阈值进而提取水体信息，模型如下：

$$NDVI = \frac{NIR - \text{Red}}{NIR + \text{Red}}$$

2. 归一化差分水体指数NDWI

Mcfeeters[1]提出了归一化差分水体指数NDWI（Normalized Difference Water Index），NDWI是基于绿波段与近红外波段的归一化比值指数，用于提取水体，能一定程度上消除山体阴影对水体提取的影响，但是一般适用于植被较多的区域。

$$NDWI = [p(\text{Green}) - p(NIR)] / [p(\text{Green}) + p(NIR)]$$

式中，$p(\text{Green})$为绿波段值，$p(NIR)$为近红外波段值。

在实际应用中，往往需要ROI修改水体掩膜，剔除河岸两边明显的混合像元，生成水系的二值图，然后将精确的水系二值图转化为.shp格式的水系矢量文件，完成水域边界的提取。

该指数可以很好地抑制植被信息，突出水体信息，缺点是对土壤、建筑物的抑制效果不是很理想，尤其是城市范围内的水体提取，依然夹杂着大量非水体信息，因此不适合城市水体的提取。

3. 水体指数模型CIWI

莫伟华等[2]通过分析MODIS与水体识别相关的1~7波段地物光谱图像特征及相关水体指数模型的识别效果，提出了新的水体指数模型CIWI，CIWI（Combined Index of NDVI and NIR for Water Body Identification）模型是用近红外与近红外均值的比值构造一个无量纲参数，再将其与NDVI求和，从而使水体保持在低值区，城镇处于高值区，植被介于二者之间，使水体、城镇、植被很好地分离开来。模型如下：

$$CIWI = \frac{NIR}{Mean(NIR)} + NDVI$$

4. 高分辨率水体指数HRWI

Yao F[3]以资源三号影像为数据源，通过大量采集样本数据SVM监督训练的方法，

[1] S. K. McFEETERS. The Use of the Normalized Difference Water Index (NDWI) in the Delineation of Open Water Features [J]. International Journal of Remote Sensing, 1996, 17 (7): 1425, 1432.

[2] 莫伟华, 孙涵, 钟仕全, 等. MODIS水体指数模型（CIWI）研究及其应用［J］. 遥感信息, 2007（5）: 16-21, 104-105.

[3] Yao F, Wang C, Dong D, et al. High-Resolution Mapping of Urban Surface Water Using ZY-3 Multi-spectral Imagery [J]. Remoter Sensing, 2015, 7 (9): 12336-12355.

获取区分水体与其他地物的最优超平面，并依此总结出高分辨率水体指数HRWI，对于资源三号影像水体提取针对性强，具有较好效果。其计算公式为：

$$NRWI = 6 \times B_2 - B_3 + 6.5 \times B_4 + 0.2$$

式中，B_2代表绿波段DN值，B_3代表红波段DN值，B_4代表近红外波段DN值。

5. 近红外比率法Ratio NIR

该法主要利用水体光谱特征，即水体最显著的光谱特征是对近红外和中红外波段的吸收较强，阴影区对近红外和中红外的吸收也比较强，而水体对红色波段和绿色波段的吸收比阴影要弱，可以利用近红外比率进行水体提取。

王桥、朱利[1]将该方法运用于武汉东湖水体的提取，并将阈值设置为0.18，小于0.18的为水体。东湖附近的珞珈山、猴山等阴影都随水体被提取出来。分析发现这些阴影在近红外和中红外波段的亮度值都比水体高，在红外和绿色波段亮度值都比水体低。这主要是因为水体的内部结构一致，可对不同能量进行选择性吸收，而阴影的内部结构不一致，对4个波段吸收没有明显的选择性，从而导致阴影在近红外和中红外波段的亮度值比水体高，在绿色和红色波段的亮度值比水体低。因此可以利用max.diff这一属性，在Ratio NIR提取结果的基础上进行阴影和水体的再区分，设置阈值为0.81，大于0.81即为水体。

2.1.2.3 复合指数法

（1）两步城市水体指数法TSUWI

该方法由Wei Wu[2]提出，针对城市水体窄而且易受阴影影响的特点，提出采用城市阴影指数和城市水体指数共同识别城市水体，模型如下：

城市水体指数UWI（Urban Water Index）的算法如下：

$$UWI = \frac{G - 1.1R - 5.2NIR + 0.4}{\left| G - 1.1R - 5.2NIR \right|}$$

城市阴影指数USI（Urban Shadow Index）的算法如下：

$$USI = 0.25 \frac{G}{R} - 0.57 \frac{NIR}{G} - 0.83 \frac{B}{G} + 1$$

两步城市水体指数TSUWI（Two-Step Urban Water Index）表达公式如下：

$$TSUWI = (UWI > T1) \wedge (USI > T2)$$

---

[1] 王桥，朱利. 城市黑臭水体遥感监测技术与应用示范［M］. 北京：中国环境出版集团，2018.

[2] Wu W, Li Q, Zhang Y, et al. Two-Step Urban Water Index (TSUWI): A New Technique for High-Resolution Mapping of Urban Surface Water. *Remote Sensing*. 2018; 10 (11): 1704. https://doi.org/10.3390/rs10111704.

*TSUWI*为仅包含0和1的文件，1为水体，0为其他地物类型。*T1*和*T2*分别为*UWI*和*USI*的优化阈值，理论上0可以为其默认值，然而由于场地变化，T1和T2的阈值会根据相关情况有所变化。

*UWI*在压制非水体信息，如高亮建筑物、高亮土壤、植被、黑土、暗色建筑物、沥青等有非常好的表现，但是*UWI*容易将阴影误分为水体。*USI*作为*UWI*的补偿，在区分水体和非水体，如亮的建筑物能力较差，但是在区分阴影和水体方面有比较好的表现。

（2）新混合指数模型（基于指数构建的高分辨率城市水体提取新方法）

针对高分辨率影像水体提取中存在的难点问题，李佳雨等[1]深度分析水体与其他地物在不同波段中的光谱映射关系，通过波段运算增强水体、阴影和其他地物间的光谱差异，分别构造出系数增强水体指数*CEWI*与阴影指数*MSRM*。采用决策树阈值设定的方法合理组合*CEWI*与*MSRM*，构建了一种新的水体提取模型——新混合指数模型*NMEM*。*NMEM*模型计算特征少，操作简便，在保证自身水体提取能力的同时，有效消除了大部分阴影的干扰，对于高分辨率影像的城市水体提取具有良好的适用性。

采用区分度更高的系数模型进行指数构建，以近红外波段提取为主，利用近红外波段与蓝色波段的反射率差异进行修正，获得系数增强水体指数*CEWI*，公式为：

$$CEWI = \sqrt{B_4^2 - 2 \times (B_4 - B_2)}$$

式中，B_2代表蓝波段*DN*值，B_4代表近红外波段*DN*值。

运用波段差值运算的方法，构建了新的多波段谱间关系模型*MSRM*，公式为：

$$MSRM = 2 \times B_2 - B_1 - B_3$$

式中，B_1代表蓝波段*DN*值，B_2代表绿波段*DN*值，B_3代表红波段*DN*值。

在实际操作中，先用*CEWI*指数进行水体的提取，然后再采用*MSRM*对水体提取结果进行阴影消除，最终获得水体的提取结果。

2.1.2.4 深度学习法

（1）建立解译标志库

考虑到在批量提取城镇水体的同时确保精度，本书采用监督分类法提取城镇水体。在解译工作开始前，根据前期解译经验以及对地物的认知，初步建立遥感影像解译标志库。遥感影像解译标志也称判读要素，它能直接反映判别地物信息的影像特征，解译人员利用这些标志在图像上识别地物或现象的性质、类型或状况。建立遥感

---

❶ 李佳雨，王华斌，王光辉，等. 基于指数构建的高分辨率城市水体提取新方法［J］. 遥感信息，2018（5）：99–105.

解译标志可以提高遥感影像数据用于基础地理信息数据采集的精度、准确性和客观性。科学可行的解译标志是正确解译的基础，解译人员通过解译标志来识别目标地物属性，保证解译精度。建立统一、可靠的影像解译标志库，对于遥感影像数据的解译意义重大，是遥感影像自动分类和人工解译的重要参考，有利于解译人员有效地获取遥感监测信息，了解监测现状。同时，一致的解译标志库、图像库、图形库和属性库可以保证变化监测在同一体系、同一标准下进行，使监测结果具有较高的可比性和精确度。

解译标志的建立主要是根据遥感影像的色调、色彩、形状、阴影、纹理、大小、空间位置、图形等，建立各种地物与卫星影像特征的对应关系。因此，建立影像解译标志必须先全面了解遥感影像时相、分辨率、波段组合、影像质量以及任务区的成图比例尺、人文地理、土地利用概况，随后依据土地利用分类标准，通过全面观察和综合分析，来准确地建立图像判读解译标志。

在影像上选择解译标志区时应遵循以下要求：范围适中以便反映该类地貌的典型特征，尽可能多地包含该类地貌中的各种基础地理信息要素类且影像质量好。标志区的选取完成后，寻找标志区内包含的所有基础地理信息要素类，然后选择各典型图斑作采集标志，再去实地进行野外校验，对不合理的部分进行修改，直到与实地相符为止。同时拍摄该图斑地面实地照片，以便于影像和实际地面要素建立关联，表达遥感影像解译标志的真实性和直观性，加深解译人员对解译标志的理解。

（2）提取水体信息

对任务区有整体的认识后，根据解译标志库和第三次全国土地调查工作中的水域及水利设施用地分类，分层逐步进行水体专题信息提取。首先进行线性水体要素的提取，质检通过后，对非线性水体要素进行进一步的划分，根据影像光谱特征细分河流水面与沟渠、水库水面、坑塘水面与湖泊水面，通过辅助参考数据的方式进行目视解译，确保每一个图斑要素类的准确性，提高总体解译精度。信息提取流程如图2.2所示。

（3）矢量成果后处理

对结果进行一些必要的处理，提高分类的准确度和精度，这一过程被称为"分类后处理"，已经提及在构建分类规则时可能遭遇的"异常情况"，分类后处理即要对这些异常情况进行处理，减少"错分"和"漏分"现象，提高分类精度，使信息提取的结果符合研究需要，主要流程包括：

①碎多边形检查。在专题信息遥感解译过程中可能会出现邻斑同码或者数据编辑过程中切割不准确等原因，在做碎多边形检查前，先进行矢量要素融合处理，合并相同属性的邻接多边形，再对细小地物进行消除处理。

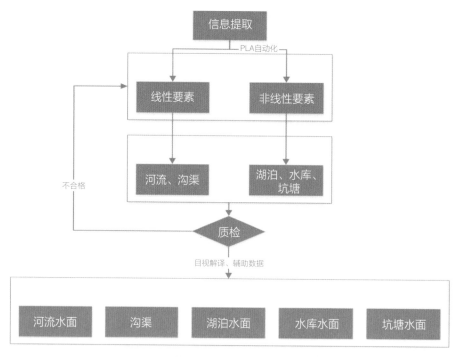

图2.2　水体专题信息提取流程示意图

②异常码检查。异常码检查是指检查矢量数据里是否存在分类体系中未定义的编码，通过对检查字段的统计分析实现。

③拓扑检查。对矢量数据进行拓扑检查，确保没有图斑重叠、遗漏等拓扑错误。

2.2
遥感卫片提取

2.2.1　县城建成区边界获取

城市建成区是指城市行政辖区内，实际已建设发展起来的非农业生产建设地段，包括市区集中连片的部分，以及分散到近郊区但与城市有着密切联系的其他城市建设用地。在进行水体解译前需要首先确定现状县城建成区边界，建成区边界决定了解译所需遥感影像的空间范围。

现状县城建成区边界采用"全国地理信息资源目录服务系统"公开发布的数据，该产品为自然资源部公开

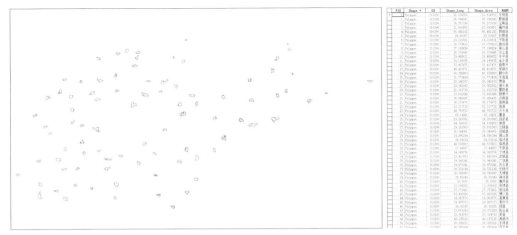

图2.3　山东省县城现状建成区拼合图

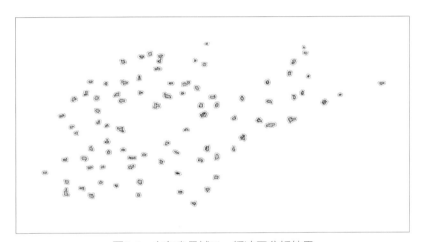

图2.4　山东省县城3km缓冲区分析结果

非涉密数据，数据生产日期主要为2016—2017年，部分生产日期为2008年或更早，通过下载相关数据，拼合得到山东省全省各地市建成区现状图，如图2.3所示。

考虑到部分年份为2008年，因此，对提取的城市建成区进行3km范围的缓冲区分析，如图2.4所示，采取同样的方法，得到各省县城建成区的边界。

2.2.2　遥感影像的筛选

本文所用到的影像数据为GF-2高分辨率遥感影像，高分2号（GF-2）卫星在2014年8月19日成功发射，它是我国独立自主研制的第一颗全色分辨率低于1m的对地观测卫星。GF-2遥感卫星搭载两台1m全色和4m多光谱相机（PMS1和PMS2），具有真正的亚米级、高精度和快捷姿态机动的能力，使我国对地观测遥感影像获取进入了"亚米级"时代，为我国国土相关部门的国土功能分析管理和我国的地理信息产业相关企业的稳步发展提供了非常重要的数据支撑和数据服务作用。GF-2遥感影像的主要参数见表2.1。

GF-2遥感卫星参数
表2.1

参数	指标
轨道类型	太阳同步回归轨道
平均轨道高度	631km
轨道倾角	97.9080°
降交点地方时间	10:30AM
回归周期	69天
重访、覆盖特性	无侧摆时，69天全球覆盖 侧摆23°时，任意地区重访周期不大于5天
发射时间	2014年8月19日
谱段	全色：0.45~0.90μm 多光谱：0.45~0.52μm；0.52~0.59μm； 0.63~0.69μm；0.77~0.89μm
星下点地面像元分辨率	全色谱段0.81m，多光谱谱段3.24m
地面幅宽	45km
定位精度	平面无控制点50m

2.2.3 高分影像卫片筛选与提取

鉴于水体提取、黑臭水体计算要求以近期为主，而且要求云量较小，时相以夏季为主。对GF-2影像数据具体要求见表2.2。

GF-2影像数据标准要求
表2.2

数据属性	分辨率	时间	季相	云量
参数要求	优于1m	2019年后	夏季	小于5%

山东省部分遥感影像提取见表2.3。

时相	云雪量/%	景数/处	检索示意图	特殊说明
2019年1月21日	0	3		安丘市 景序列号：3252032 产品号：2136177 景序列号：3251726 产品号：2135833 景序列号：3251727 产品号：2135834
2019年6月22日	0	1		博兴县 景序列号：6555282 产品号：4071377
2019年3月31日	0	1		曹县 景序列号：6260225 产品号：3915995

时相	云雪量/%	景数/处	检索示意图	特殊说明
2018年2月9日	0	1		昌乐县 景序列号：4647448 产品号：2992441
2019年6月2日	0	1		昌邑市 景序列号：6482473 产品号：4035243
2019年5月29日	0	1		成武县 景序列号：6469511 产品号：4028665

时相	云雪量/%	景数/处	检索示意图	特殊说明
2018年12月13日	0	1		茌平县 景序列号：5864967 产品号：3678241
2018年10月19日	0	1		单县 景序列号：5664212 产品号：3538395
2019年3月31日	0	1		定陶县 景序列号：6260224 产品号：3915998

时相	云雪量/%	景数/处	检索示意图	特殊说明
2019年 1月21日	0	1	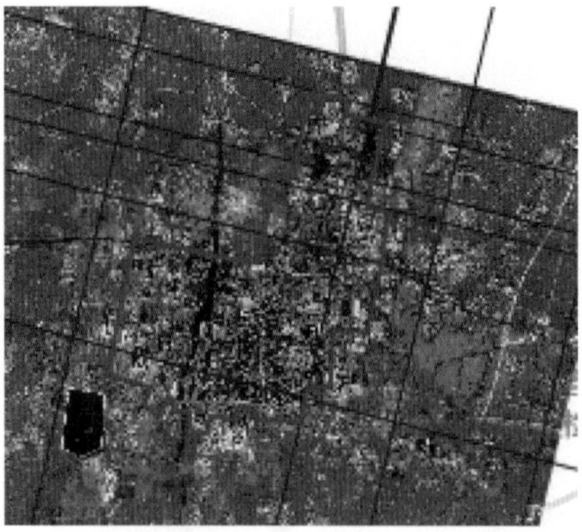	东阿县 景序列号：6007103 产品号：3776499
2017年 9月20日	0	1	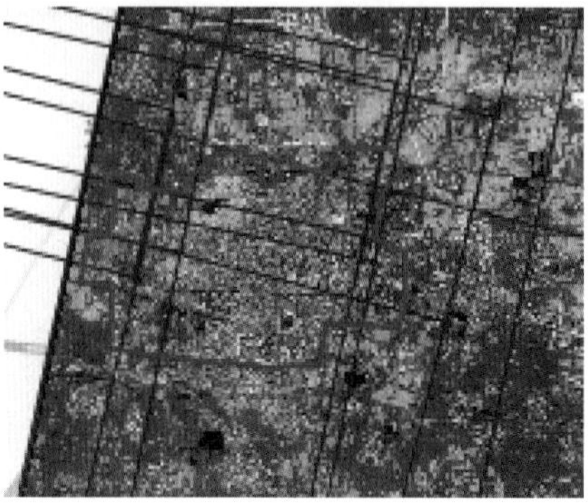	东明县 景序列号：4113692 产品号：2613994

2.3

遥感卫片预处理

2.3.1 预处理要求

预处理流程总体包括辐射校正、几何校正、图像融合等，总体预处理流程如图2.5所示。

根据GF–2卫星特点，特别对影像中的云雪检测、影像匹配、平差处理、正射纠正、影像融合、匀光匀色、影像镶嵌等处理功能进行了定制服务，生产满足技术规范要求的遥感影像数据，并按照"步步检核"基本生产原则，对每个生产环节、每个中间产品执行自检或互检，部分技术流程如图2.6所示。

图2.5 GF-2高分辨率遥感影像预处理流程

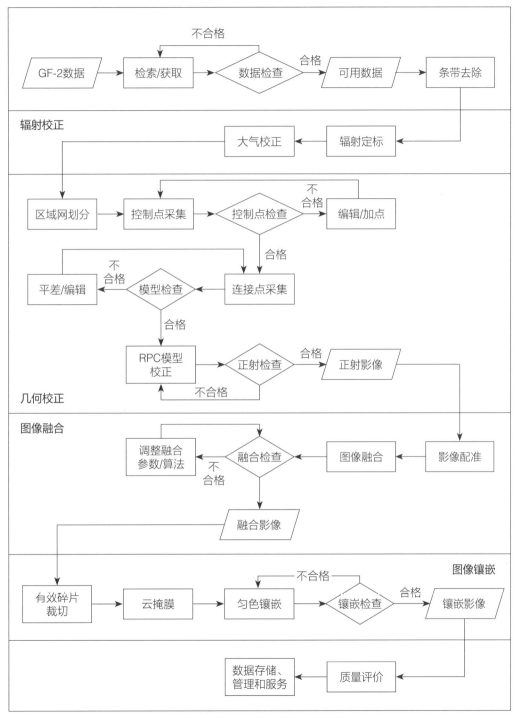

图2.6 影像收集处理技术路线图

项目以国产GF-2为基本影像，首先进行原始数据检查，查看数据有无严重条带、噪点等问题，RPB模型、xml信息是否齐全；筛选能修复的影像，根据需求修复原始影像中的条带，并采用经过条带修复的影像替换原始影像。然后依次进行辐射校正、几何校正、图像融合及图像镶嵌，最后对生成的数据进行存储和管理。

2.3.2 辐射校正

由于太阳角度、成像时间、成像角度和大气状况等不同成像条件，卫星对同一区域光谱特征的记录存在差异，该差异会导致同物异谱问题，对遥感分析造成干扰。对影像数据进行辐射校正，消除外部因素导致的辐射误差，是遥感卫片预处理的重要步骤。本文中辐射校正主要包括辐射定标及大气校正。

（1）辐射定标

辐射定标将传感器记录的数字量化值DN转换成绝对辐射亮度值（辐射率）或者地表反射率又或者表面温度等物理量的处理过程。辐射定标参数一般存放在辐射处理软件定义的特定文件中，在原始影像读入之后，自动读取辐射定标参数，即可完成原始影像的辐射定标纠正。

本文使用绝对定标进行辐射亮度值修正。其线性关系式如下

$$L = Gain \times DN + Bias$$

式中，L 为辐射亮度值，单位为 $W/(sr \times m^2)$。

辐射定标参数采用中国资源卫星应用中心公布的数据，2019年GF-2辐射定标系数如表2.4所示。

GF-2 2019年绝对辐射定标系数　　　　　　　　　表2.4

传感器	Pan		B1		B2		B3		B4	
	Gain	*Bias*	*Gain*	*Bias*	*Gain*	*Bias*	*Gain*	*Bias*	*Gain*	*Bias*
PMS1	0.1855	0	0.1453	0	0.1826	0	0.1727	0	0.1908	0
PMS2	0.1980	0	0.1750	0	0.1902	0	0.1770	0	0.1968	0

（2）大气校正

大气校正的目的是消除大气和光照等因素对地物反射的影响，获得地物反射率、辐射率、地表温度等真实物理模型参数，用来消除大气中水蒸气、氧气、二氧化碳、甲烷和臭氧等对地物反射的影响，消除大气分子和气溶胶散射对遥感影像光谱特征的影响，图2.7为大气校正DN值变化情况案例。

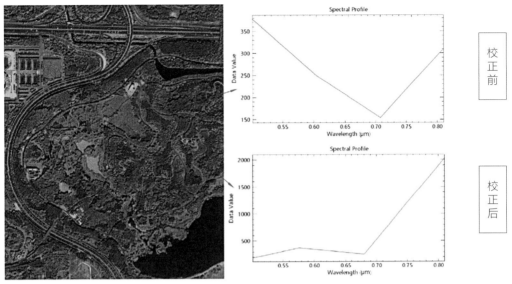

图2.7　大气校正前后，植被的光谱曲线变化示意图

大气校正的方法，按结果可分为绝对大气校正和相对大气校正两种。绝对大气校正将遥感图像的*DN*值转换为地球表面的反射率、辐射率、温度等，相对大气校正的结果中相同的*DN*值表示相同的地物反射率，但是校正后的*DN*值不代表地球表面的实际反射率。

本文使用IPM卫星影像生产平台的绝对大气校正工具去除GF-2号影像数据中大气的影响，经过大气校正后，多光谱数据的精度能够得到有效提高。

2.3.3　几何校正

遥感卫星在绕地球运行的过程中，由于受到太空中的微粒、稀薄大气的摩擦影响等，产生飞行姿态的变化，使遥感卫星在对地面成像时，影像在几何位置上发生变化，产生诸如行列不均匀，像元大小与地面大小对应不准确，地物形状不规则变化等畸变，需要对这些畸变做几何校正。

对影像进行几何校正时，首先需要建立影像间的数学关系，即建立基准影像的像元坐标与待校止影像的像元坐标之间的关系，计算待校正的影像像元对应每一个基准影像像元的位置。

本书采用正射校正进行影像预处理。正射校正属于几何校正的一种，在为卫星影像添加地理坐标的同时，再通过一些测量高程点和DEM来消除地形起伏引起的图像变形。GF-2影像采用RPC（Rational Polynomial Coefficient）模型进行正射校正，主要流程如下：

（1）区域网划分

考量数据量大小、区域地形地貌对生产难度的影响、分项任务区分布等因素，校正前首先划分出合理的区域网。

（2）控制点采集和编辑

开展控制点采集和编辑，通过单景线性平差对控制点进行优化，对残差大、畸变大的影像，采用自检校模型或先验模型重新平差。控制点分布不均匀时，进入交互编辑对控制点点位及数量进行调整。

基准影像和待校正影像的控制点选取遵循以下原则：选取影像上容易分辨且较精细的特征点（马路交叉点、河流弯曲或分叉处、绿茵场四角、机场跑道、城郭边缘等）；影像特征变化大的地区建议选取多个控制点；图像边缘部分一定要选取控制点；尽可能满幅均匀选取。

（3）模型检查及平差

分别从连接点位正确率、点位分布、偏移均值和偏移均方根等4个方面检查校正模型，并对连接点位进行编辑调整，平差。

几何校正的精度好坏通过均方根值RMS的大小来判断，RMS的计算表达式如下：

$$X_{RMS} = \sqrt{\frac{\sum_{i=1}^{N} x_1^2}{N}} = \sqrt{\frac{x_1^2 + x_2^2 + \ldots + x_N^2}{N}}$$

式中，x_i为控制点位置残差，N为控制点总数。

几何纠正操作过程中，当满足条件RMS<1.0时，视为合格的控制点，因为GF-2卫星融合后的影像像元空间分辨率为1m，否则视为不合格，需要对不合格的控制点进行剔除，重新选择。

（4）正射校正及检查

GF-2的原始多光谱和全色影像带有RPB文件，包含RPC信息，RPC模型通过有理多项式描述影像成像瞬间像元坐标（x，y）与地面对应物点大地坐标（X，Y，Z）的几何关系[1]，其关系式如下：

$$x = \frac{N_s(X,Y,Z)}{D_s(X,Y,Z)}; \quad y = \frac{N_L(X,Y,Z)}{D_L(X,Y,Z)}$$

式中，$N_s(X,Y,Z)$、$D_s(X,Y,Z)$、$N_L(X,Y,Z)$、$D_L(X,Y,Z)$为X、Y、Z的三次多项式，(X,Y,Z)为正则化的地面坐标，x,y为正则化的影像坐标。

[1] 张过，潘红播，江万寿，等. 基于RPC模型的线阵卫星影像核线排列以及核线几何关系重建［J］. 国土资源遥感，2010，81（4）：32-34.

在进行正射校正时，将GF-2多光谱影像像元大小重采样为4m，全色影像像元大小重采样为0.8m，因为GF-2多光谱影像星下点空间分辨率为3.2m，全色影像星下点空间分辨率为0.8m，而远离星下点位置的影像像元空间位置实际低于这个数据，因此在正射校正的过程中，对多光谱和全色影像的像元空间分辨率进行统一处理。

检查时以偏移均方根分布情况为参考，对各类地物进行抽查，山地等易扭曲地区加大抽查样本量。正射精度不合格影像返回上一步工序修改。

2.3.4　图像融合

图像融合指的是将低空间分辨率的多光谱影像与高空间分辨率的单波段影像进行重采样，生成既有较高空间分辨率又有多光谱特征影像的处理技术。本书使用GF-2的3.2m分辨率多光谱影像和0.8m分辨率的单波段全色影像进行图像融合。

决定图像融合结果质量的关键在于融合前图像的精确配准以及融合方法的选择。分析发现，经过正射校正的GF-2多光谱影像和单波段全色影像匹配程度较好，因此仅使用IPM平台的自动配准功能快速完成影像的融合前配准，配准后的影像参与下一步的融合。常用的图像融合方法有Brovey方法、HSV方法、PCA方法、Gram-Schmidt方法、PanSharp方法等。

（1）Brovey

Brovey称为彩色标准变换融合，该方法是将RGB图像中各波段乘以高分辨率数据与RGB图像波段综合的比值，然后利用最邻近、双线性或者三次卷积将3个波段重采样到高分辨率像元尺度下，获得高分辨率多光谱图像。

（2）HSV

HSV是将影像从RGB空间变化到HSV色彩空间，然后用高分辨率全色影像替代亮度波段，将多光谱自动进行重采样到高空间分辨率，进而将图像变换回RGB色彩空间，形成融合影像。

（3）PCA

PCA是将低分辨率的多光谱信息进行主成分变换，将高分辨率全色波段匹配拉伸到第一主成分，然后将高分辨率图像替代多波段图像的第一主成分，最后进行主成分逆变换，生成具有高空间分辨率的多光谱融合图像。

（4）Gram-Schmidt

Gram-Schmidt为光谱锐化影像融合，其步骤是首先采用光谱重采样的方法模拟产生第一分量，通过Gram-Schmidt变换将多光谱影像转换到正交空间，再利用高空间分辨率影像替换第一分量，最后通过Gram-Schmidt反变换获得融合影像。

（5）PanSharp

PanSharp的原理是基于最小二乘法估算原始多光谱影像和全色影像之间的灰度值关系。采用最小方差技术对参与融合的多光谱波段进行灰度值调整，达到减少色差的目的，保持影像高保真效果，该算法利用一系列统计运算，提高融合流程的自动化。

本书在借鉴前人研究成果的基础上，采用Gram-Schmidt方法完成GF-2图像融合。Gram-Schmidt融合不受波段的限制，能较好地保存遥感影像的空间信息，尤其是保持影像高保真的光谱信息，是目前最广泛使用的专为高空间分辨率遥感影像图像融合进行设计的方法之一，将GF-2影像的全色波段与多光谱波段进行融合，可以使融合后的影像信息更加详细、地物特征更加丰富，并且能够剔除与研究内容无关的信息，使GF-2号影像信息提取的准确性与可靠度得到提高，融合效果如图2.8所示。

本书共完成7个省份的0.8m级融合影像产品，部分城市影像如图2.9所示。经质量检查0.8m级融合影像的数学基础和数据格式均符合技术规范要求，影像无云影凹陷、无色彩异常、无屋顶颜色异常、无重影和异常凹陷模糊、无山体阴影异常；单景影像中特征区域（如交通要道、城镇区域、平地农田等）无融合偏差或局部小范围偏差，非特征区域允许适当的偏差，偏差不大于0.5像元。

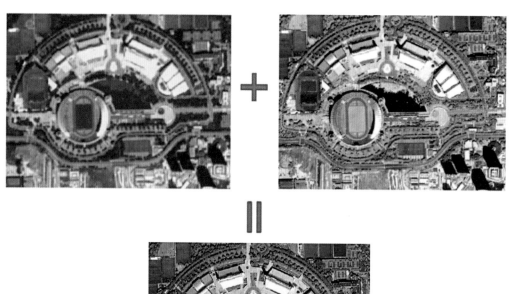

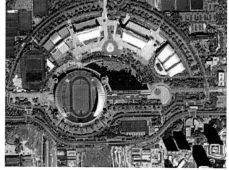

图2.8　GF-2多光谱影像与全色影像Gram-Schmidt融合结果示意图

图2.9 广东省东莞市建成区0.8m融合影像

2.3.5 图像镶嵌

图像镶嵌是指在一定数学基础控制下，把多景相邻遥感图像拼接成一个大范围、无缝图像的过程。由于高分辨率卫星的幅宽有限，图像的成像面积较小，为了获得目标区域的完整图像，需要对多景GF-2影像进行拼接，主要流程如下：

（1）有效碎片裁切。以现状县城建成区边界缓冲区为基础，裁切融合后的GF-2影像作为下一步备用数据。

（2）云掩膜生产。在IPM平台软件自动生成的云掩膜基础上，人工勾勒云影，并检查、修改软件误判区域。去除云层后的影像作为下一步备用数据。

（3）匀色镶嵌及检查。利用全覆盖有效成图技术，生成单景无云影像，在此基础上进行匀色镶嵌。重点解决影像中存在的彩带、黑条、破损等现象，同时保存并编辑镶嵌线。检查不合格影像返回上一步工序修改。

本书共完成7个省份的0.8m级无缝镶嵌影像产品，按照匀色镶嵌原则、分幅裁切、命名等要求，生产完成满足技术规范要求的产品。整幅数据亮度、对比度、饱和度适中，不存在局部地区过亮或过暗的情况，各地物如建筑物、植被、农田、河流、湖泊、沙漠、山地等均呈现真彩色的真实颜色，不存在偏色现象，东莞市部分影像如图2.10所示。

图2.10　广东省东莞市建成区0.8m镶嵌影像

2.3.6　标准影像库

　　标准影像库的主要数据类型有7个省份原始影像、预处理后的正射融合影像以及按建成区裁剪的建成区影像，遥感影像主要以镶嵌数据集的方式进行存储，并以镶嵌数据集的命名来区分专题影像，例如：image_ori_为原始影像，image_fus_为正射融合影像，image_builtup_为建成区影像，并通过命名中添加行政区划代码的方式来区分影像所属行政区范围，如image_builtup_130000为广东省建成区影像数据集。每个镶嵌数据集的内部表结构类似，见表2.5。

数据集内部表结构　　　　　　　　　　表2.5

名称	代码	注释
amd_image_fus_610000_art	amd_image_fus_610000_art	镶嵌数据集中的栅格类型
amd_image_fus_610000_bnd	amd_image_fus_610000_bnd	镶嵌数据集中的栅格边界
amd_image_fus_610000_cat	amd_image_fus_610000_cat	镶嵌数据集隐含的栅格目录
amd_image_fus_610000_csl	amd_image_fus_610000_csl	镶嵌数据集的像元大小等级
amd_image_fus_610000_def	amd_image_fus_610000_def	镶嵌数据集的定义
amd_image_fus_610000_log	amd_image_fus_610000_log	镶嵌数据集错误、警告和消息日志
amd_image_fus_610000_ovr	amd_image_fus_610000_ovr	镶嵌数据集的栅格金字塔

2.4

水体解译与校核

2.4.1 解译结果

在本书中，以深度学习法为基础，进行城市水体解译。水体类型包括河流水面、水库水面、湖泊水面、沟渠以及坑塘水面。其中坑塘水面共计107222个，占全部水体的75.50%；河流水面共计31613个，占全部水体的22.26%；沟渠水面共计2751个，占全部水体的1.94%；湖泊水面共计307个，占全部水体的0.22%；水库水面共计115个，占全部水体的0.08%。

按照分类精度评价指标，随机选取每一类城市空间信息的统计样本，对本研究的结果进行最终验证，以下为精度统计结果。7个省份县域水体遥感解译范围包括吉林省、山东省、河北省、广东省、宁夏回族自治区、四川省和江西省共531个县域，建成区面积12000km^2。从解译结果来看，一级分类解译精度较高，判读精度为99.2%，二级分类的判读精度为95.7%，达到规定的精度指标。

水体一级分类所有县域的解译精度均在99%以上。二级分类中河流水面、水库水面的判读准确率达100%。沟渠和湖泊水面由于光谱特征容易混淆，所以判读时候需要加以辅助信息验证。为进一步对识别结果进行校核，对7个省份48个县开展了现场采样校核。

2.4.2 吉林省校核情况

吉林省采样共计4个县（珲春、蛟河、德惠、敦化），采样点共计布设71个，其中66个有水面，5个无水面。5个无水面的采样点有3个点被施工填埋，1个采样点水面干涸（采样时间与高分卫片拍摄时间不同导致），仅珲春19号无水面采样点怀疑为解译错误（19号采样点为幼儿园绿色地毯，可能错误识别为水面）。

2.4.3 山东省校核情况

山东省采样共计8个市（县、区）（莱阳、蓬莱、平度、青州、曲阜、乳山、禹城、诸城），采样点共计157个点，其中151个有水面，6个无水面。6个无水面采样点有5个采样点水面干涸，1个采样点施工被填，无识别错误水体。6个无水面采样点现场照片如图2.11～图2.13所示。

图2.11　乳山2号（左）、14号（右）水面干涸

图2.12　乳山15号（左）、平度6号（右）水面干涸

图2.13　平度20号（左）修路施工水面被填、青州19号（右）水面干涸

2.4.4　河北省校核情况

河北省采样共计8个市（县、区）（定州、高碑店、临城、任县、沙河、新乐、正定、涿州），采样点共计布设113个，由于行程安排等外部原因，实际采样共计100个点，其中92个有水面，8个无水面。8个无水面采样点有6个采样点水面干涸，2个怀疑为水面识别错误。8个无水面采样点现场照片如图2.14～图2.17所示。

图2.14 涿州6号（左）小区水体排干、14号（右）水面干涸

图2.15 定州5号（左）小区水体排干、9号（右）水体干涸

图2.16 定州13号（左）小区水体排干；临城12号（右）为院内煤堆，疑似识别错误

图2.17 任县7号（左）疑似识别错误、沙河7号（右）小区水体已排干

2.4.5 广东省校核情况

广东省采样共计8个县（东源、封开、海丰、连山壮族瑶族自治县、饶平、乳源瑶族自治县、新兴、阳西），采样点共计105个点，其中100个有水面，5个无水面（均干涸，无识别错误水体）。5个无水面采样点现场照片如图2.18~图2.20所示。

图2.18　东源10号（左）施工填埋、乳源12号（右）水体干涸

图2.19　乳源15号（左）、连山7号（右）水体干涸

图2.20　连山9号水体干涸

2.4.6　宁夏回族自治区校核情况

宁夏回族自治区采样共计6个市（县、区）（灵武、彭阳、青铜峡、同心、盐池、中宁），实际采样共计131个点，其中114个有水面，17个无水面（均干涸，无识别错误水体）。17个无水面采样点现场照片如图2.21～图2.28所示。

图2.21　青铜峡13号（左）排水渠干涸、14号（右）鱼塘干涸

图2.22　青铜峡15号（左）、18号（右）排水渠干涸

图2.23　灵武11号（左）、12号（中）、13号（右）水体干涸

图2.24　中宁8号（左）、18号（右）水体干涸

图2.25　中宁19号（左）、26号（右）水体干涸

图2.26　同心6号（左）、7号（右）水体干涸

图2.27　同心10号（左）、13号（右）水体干涸

图2.28 同心18号（左）、彭阳15号（右）水体干涸

2.4.7 四川省校核情况

四川省采样共计6个市（县、区）（崇州、大邑、都江堰、郫县、邛崃、新津），实际采样共计89个点，其中84个有水面，5个无水面（均干涸，无识别错误水体）。5个无水面采样点现场照片如图2.29、图2.30所示。

图2.29 大邑3号（左）水面施工填埋、10号（右）鱼塘干涸

图2.30 大邑7号（左）、9号（中）、19号（右）水体干涸

2.4.8 江西省校核情况

江西省采样共计8个市（县、区）（婺源、瑞昌、樟树、井冈山、兴国、定南、南丰、永修），实际采样共计122个点，其中100个有水面，22个无水面（均干涸，无识别错误水体）。22个无水面采样点现场照片如图2.31～图2.41所示。

图2.31　婺源2号（左）为淤泥无水、14号（右）施工填埋

图2.32　婺源16号（左）、17号（右）水体干涸

图2.33　瑞昌2号（左）、10号（右）水体干涸

图2.34 樟树10号（左）、11号（右）水体干涸

图2.35 樟树19号（左）、井冈山9号（右）水体干涸

图2.36 兴国6号（左）、8号（右）水体干涸

图2.37 兴国14号（左）水体干涸、19号（右）施工填埋

图2.38　定南9号（左）、20号（右）施工填埋

图2.39　定南10号（左）、21号（右）水体干涸

图2.40　南丰8号（左）、18号（右）部分填埋

图2.41　南丰19号（左）水体干涸、永修18号（右）施工填埋

3

第三章

城市黑臭水体
解译研究

3.1

城市黑臭水体
遥感解译基础

3.1.1 黑臭水体遥感机理

3.1.1.1 黑臭水体影像光谱特征

城市黑臭水体多分布于城市小河道内，具有流速缓河道窄等特点。黑臭水体组分中各类水质参数与一般清洁水体差异较大，特别是氨氮含量高于一般清洁水体3～4倍，氧化还原电位、溶解氧浓度、透明度也都低于一般水体。黑臭水体颜色往往表现出黑色、灰白（蓝）色或黄褐色等，水体密度大者伴有黏稠状，流动缓慢等特点。黑臭水体中溶解或悬浮的污染物成分或浓度不同，这使得其颜色与正常水体有一定的差异。正常水体通常呈现浅绿或浅黄色，而黑臭水体除呈现典型的黑色外，还有的表现为灰色、灰绿色或深绿色。

黑臭水体的颜色异常改变了这类水体对电磁波的反射能量，在影像上则反映为DN值、色调、灰阶等一系列的变化。因此，在不借助周边辅助地物的情况下，主要依靠黑臭水体的色调特征来建立遥感解译标志。通常，在真彩色合成的遥感影像中，黑臭水体的色调与地面实际观察相似，呈现较深的黑色、灰色或墨绿色，但在影像判读中，水体颜色还受河流水深和河道两岸植被覆盖的影响，水流较深或植被阴影均会使水体颜色呈暗深色，从而造成黑臭水体的误判。

城市黑臭水体遥感反射率最低，在550～700nm范围内整体走势很平缓，虽然具有波动变化，但是峰谷不突出。黑臭水体光谱所表现出的这种特征可以作为其遥感识别的重要依据。研究表明，GF-2的宽波段设置大大缩减了光谱信息，使得黑臭水体和其他类型水体光谱特征的差异变小，但仍然可以体现出不同类别水体的明显差异。例如，GF-2影像的第二波段（中心波长546nm）对应水体550～580nm出现的峰值，但是黑臭水体的值最低；此外，由于黑臭水体遥感反射率较低且在可见光范围变化平缓，因此光谱值在GF-2影像一、二波段和二、三波段数值的差异小于其他水体，且光谱斜率最小。

3.1.1.2 水体水质遥感监测研究

目前，国内学者主要针对以湖泊为主的地表水体，利用卫星多光谱、卫星高光谱、航空高光谱以及实测高光谱等数据，利用经验模型、半经验/半分析模型、分析模型和机器学习模型开展了一系列水质遥感研究。

（1）单波段相关性分析

地面实测原始光谱与水质指标相关性分析表明，TN、TP、NH_3-N、COD、BOD_5的浓度均与水体反射率呈负相关，5种参数与水体光谱的相关性一致，并且最大负相关出现在550nm和950nm附近（–0.6<R<–0.5），而在650nm附近相关性最小（–0.2<R<0）；DO浓度与水体反射率呈正相关，最大正相关出现在550nm和950nm附近（0.6<R<0.8），最小正相关出现在650nm（R=0.2）；TSS浓度与水体反射率呈正相关，最大正相关出现在710nm附近，相关性较好。研究结果表明，TN、TP、NH$_3$–N、COD、BOD$_5$五种参数随着浓度的增加，能够降低水体遥感在550nm附近的反射率值。上述五种水质参数与水体反射率的相关性呈现一致，但五种参数之间呈现较好的相关性，为模型构建提供光学基础，因而，550nm与950nm附近波段可用于模型构建。DO的相关性与上述五种参数呈对称关系，说明DO浓度是由上述五种参数综合作用的结果。TSS浓度在650～820nm之间与水体反射率呈现较好正相关性（R>0.8），因此，该波段范围可用于TSS浓度遥感反演。

（2）波段组合相关性分析

分别计算水体地面实测原始光谱数据的差值（CR）、比值（BR）与关键黑臭水质参数（TP、TN、NH$_3$–N、COD、BOD$_5$、DO）的相关性系数，寻找最优波段组合。TP、TN、NH$_3$–N、COD、BOD$_5$与原始光谱波段差值最大相关波段为CR（550,650），相关系数为0.80，显著性系数为150.3；与比值的最大相关性波段组合为BR（580,650），相关系数为–0.72，显著性系数为143；DO与原始光谱波段最大相关波段为BR（650，750）、CR（680，750），相关系数分别为0.91和0.85，显著性系数分别为176.9和77.82。研究结果表明，TP、TN、NH$_3$–N、COD、BOD$_5$的最优单波段在550nm处R=0.5，波段组合BR（580，650）（R=–0.72）与CR（550,650）（R=–0.80）能够去除部分背景影响，显著提高了TP、TN、NH$_3$–N、COD、BOD$_5$的相关性；DO的最优单波段在550nm处R=0.6，波段组合BR（650，750）（R=–0.91）与CR（680，750）（R=–0.85），显著提高了DO的相关性。

3.1.2　黑臭水体遥感模型研究

3.1.2.1　光学阈值模型

光学阈值法是以地面实测的水体光学参数或遥感影像反射率为数据基础，通过分析黑臭水体与正常水体的光学特征差异建立黑臭水体判别指数，根据判别指数值域分布特点与不同类型水体的对应关系设定阈值来区分黑臭水体和正常水体。近年来高分卫星的发射，大部分城市黑臭水体的研究基于GF-2光谱特征。GF-2多光谱数据空间分辨率4m，共4个波段，波长范围分别为450～520nm、520～590nm、630～690nm、770～890nm，中心波长分别为514nm、546nm、656nm和822nm。利用遥感软件对影像进行正射校正、辐射定标、大气校正等操作，大气校正可采用遥感软件自带大气校正模块。

（1）单波段指数法

城市黑臭水体遥感反射率整体低于其他水体，在550nm附近，即GF-2影像第二波段与其他水体的差异相对较高。因此，利用这一波段遥感反射率值提取城市黑臭水体，算法如下：

$$0 \leq R_{rs}（Green）\leq N$$

式中，R_{rs}（Green）为GF-2影像第二波段大气校正后遥感反射率值，N为常数。

（2）黑臭水体差值指数法

由于城市黑臭水体遥感反射率值在480～550nm上升缓慢，在550nm附近出现的波峰较宽且值最低。具体在GF-2影像上的表现为在可见光蓝绿波段，清洁水体光谱斜率最高，城市正常水体次之，而城市黑臭水体最低。因此，可以利用蓝绿波段的遥感反射率差值来判断是否是城市黑臭水体，算法如式：

$$0 \leq R_{rs}（Green）- R_{rs}（Blue）\leq N$$

式中，R_{rs}（Blue）和R_{rs}（Green）分别为GF-2影像第一、二波段大气校正后遥感反射率值，N为常数。

（3）归一化黑臭水体指数法

城市黑臭水体在550～700nm范围内光谱曲线变化最为平缓，斜率最低。GF-2影像对应此光谱范围的绿、红波段，中心波长分别为546nm和656nm，很好地体现出城市黑臭水体这一光谱特征。城市正常水体在此波段范围光谱斜率同样较低，但是其具有较高的遥感反射率值。因此，选择这两个波段组合的遥感反射率差、和的比值来识别城市黑臭水体。算法如式：

$$N_1 \leq \frac{R_{rs}（Green）- R_{rs}（Red）}{R_{rs}（Green）+ R_{rs}（Red）} \leq N_2$$

式中，R_{rs}（Green）和R_{rs}（Red）分别为GF-2影像第二、三波段大气校正后遥感反射率值，N_1、N_2为常数。

（4）决策树分类法

基于城市水体的光谱特征，将其分为黑臭水体Ⅰ、黑臭水体Ⅱ、黑臭水体Ⅲ、黑臭水体Ⅳ、一般水体Ⅰ和一般水体Ⅱ六个类别。基于GF-2遥感影像对城市水体进行决策树分类的方法如图3.1所示。

①黑臭水体差值指数$DBWI$

黑臭水体差值指数$DBWI$算法如下：

$$DBWI = R_{rs}（Green）- R_{rs}（Blue）$$

式中，R_{rs}（Blue）和R_{rs}（Green）分别为遥感影像蓝、绿波段大气校正后遥感反射率值，$DBWI$单位为sr^{-1}。利用$DBWI$判别黑臭水体Ⅰ。N_1的值可根据影像上典型的

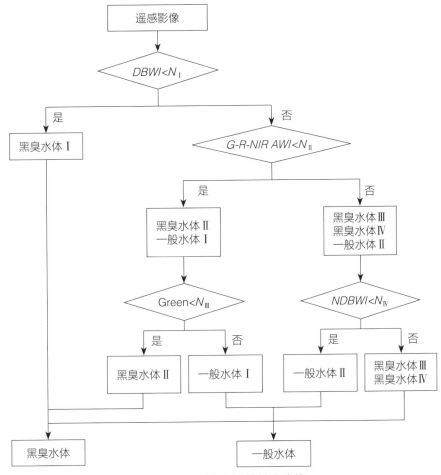

图3.1　决策树分类技术路线

两大类水体来进行确定。

$$水体类别\begin{cases}黑臭水体 \text{ I} & DBWI \leqslant N_1\text{sr}^{-1} \\ 其他水体 & DBWI > N_1\text{sr}^{-1}\end{cases}$$

②三波段面积水体指数$G\text{-}R\text{-}NIR\ AWI$

定义反射率光谱曲线在绿光波段、红光波段、近红外波段处围成的三角形面积为三波段面积水体指数$G\text{-}R\text{-}NIR\ AWI$。算法如下：

$$G - R - NIR\ AWI = \frac{\Delta\lambda_1\left[R_{\text{rs}}(\text{Red}) - R_{\text{rs}}(\text{Nir})\right] + \Delta\lambda_2\left[R_{\text{rs}}(\text{Red}) - R_{\text{rs}}(\text{Green})\right]}{2}$$

式中，R_{rs}（Green）、R_{rs}（Red）和R_{rs}（Nir）分别为遥感影像绿、红、近红外波段大气校正后遥感反射率值。$\Delta\lambda_1$为红绿光波段的差值，$\Delta\lambda_2$为近红与红光波段的差值。$G\text{-}R\text{-}NIR\ AWI$单位为$\text{sr}^{-1}$。基于$G\text{-}R\text{-}NIR\ AWI$方法的阈值选取如下式所示。$N_{\text{II}}$的值可根据影像上典型的两大类水体来进行确定。

$$水体类别\begin{cases}黑臭水体Ⅲ、Ⅳ和一般水体Ⅱ & G-R-NIR\ AWI \leqslant N_{Ⅱ}\mathrm{sr}^{-1} \\ 黑臭水体Ⅱ和一般水体Ⅰ & G-R-NIR\ AWI>N_{Ⅱ}\mathrm{sr}^{-1}\end{cases}$$

③单波段指数——绿光波段（Green）

利用绿光波段的遥感反射率区分黑臭水体Ⅱ和一般水体Ⅰ。算法如下：

$$水体类别\begin{cases}黑臭水体Ⅱ & R_{\mathrm{rs}}(\mathrm{Green}) \leqslant N_{Ⅲ}\mathrm{sr}^{-1} \\ 一般水体Ⅰ & R_{\mathrm{rs}}(\mathrm{Green})>N_{Ⅲ}\mathrm{sr}^{-1}\end{cases}$$

式中，$R_{\mathrm{rs}}(\mathrm{Green})$为遥感影像绿波段大气校正后遥感反射率值，$N_{Ⅲ}$为常数。$N_{Ⅲ}$值可根据影像上典型的黑臭水体Ⅱ和一般水体Ⅰ来进行确定。

④归一化黑臭水体指数$NDBWI$

利用归一化黑臭水体指数判别黑臭水体Ⅲ、Ⅳ和一般水体Ⅱ。定义这一指数为归一化黑臭水体指数$NDBWI$。算法如下：

$$NDBWI = \frac{R_{\mathrm{rs}}(\mathrm{Green}) - R_{\mathrm{rs}}(\mathrm{Red})}{R_{\mathrm{rs}}(\mathrm{Green}) + R_{\mathrm{rs}}(\mathrm{Red})}$$

式中，$R_{\mathrm{rs}}(\mathrm{Green})$和$R_{\mathrm{rs}}(\mathrm{Red})$分别为遥感影像绿、红波段大气校正后遥感反射率值，$NDBWI$值无量纲。$N_{Ⅳ}$值可根据影像上典型的黑臭水体Ⅲ、Ⅳ和一般水体Ⅱ来进行确定。

$$水体类别\begin{cases}黑臭水体Ⅲ、Ⅳ & NDBWI>N_{Ⅳ} \\ 一般水体Ⅱ & NDBWI \leqslant N_{Ⅳ}\end{cases}$$

3.1.2.2 水质反演模型

水体中叶绿素、悬浮物、有色可溶性有机物具有明显的光学特性，学者们利用经验、半分析模型或辐射传输模型开展了相关参数的遥感反演研究，上述参数的反演达到了较高的精度。有部分学者研究了DO、TN、TP、NH$_3$-N、COD、BOD$_5$的遥感反演，由于城市水体的污染主要来源于工业废水与生活污水，而工业废水与生活污水中含有大量的有机碳污染物、有机氮污染物以及含磷化合物，而这些有机物具有一定的光学特性，并且是导致城市水体发黑发臭的重要因素。因此，基于地面实测光谱数据，随机选取一定数量的样本数据用于模型构建与相关性分析，研究相关水质参数反演模型的构建。

经验模型主要有线性关系模型、对数关系模型、多波段关系模型等，其构造方法是类似的，即根据经验，用某种已知形式的函数对实测的反射值与水质指标进行相关分析，如相关系数高，就认为该函数近似于所要求的关系式，因此统称为经验关系式。

（1）线性关系模型

线性关系式表达式为：

$$Y = A \cdot X + B$$

其中Y为某一个波长处的光谱反射比；X为水质指标；A、B为两个常系数。

（2）对数关系模型

对数关系式表达式为：

$$Y = A + B\ln X$$

式中，A、B为两个常系数，代入$\dfrac{dY}{dX} > 0$，$\dfrac{d^2Y}{dX^2} < 0$，得到：

$$\frac{dY}{dX} = \frac{B}{X} > 0$$

$$\frac{d^2Y}{dX^2} = \frac{B}{X^2} < 0$$

可知，Y随着X的增加而减少，因此更趋近于现实情况。近年来，该方法得到广泛应用，成为最常见的模型之一。但该方法中的函数不是有界函数，这也表明该方法是现实情况的近似。在X动态范围较大时，误差也会比较大。

（3）多波段组合模型

多波段组合模型是考虑X与n个波段的反射比Y或者辐射亮度L_i的某种组合之间的关系。此后很多学者提出了自己的多波段模型，可大致归纳为以下几种形式，具体见表3.1。

水质反演多波段组合模型 表3.1

组合类型	模型	
线性组合	$X = A + \sum_{i=1}^{n} B_i Y_i$	
多项式	$X = A + \sum_{i=1}^{n} \left(B_i Y_i + C_i Y_i^2 \right)$	
比值	$X = A + B\left(L_1 / L_2 \right)$ $\ln X = A + B\left(L_1 / L_2 \right)$	$X = A + B\left(L_1 / L_2 \right) / L_3$ $X = f\left(L_i / \sum_{i=1}^{n} L_i \right)$
非线性组合	$X = \left(L_1 - A \right)\left(B - L_2 \right)$	
幂函数	$X = Y^A$	
对数函数	$X = \log_A Y$	

其中，A、B、B_i、C_i等都是常系数。

3.2

基于*NDBWI*的城市黑臭水体解译研究

3.2.1 模型选型

模型的选型主要考虑两方面内容：一是具有较好的理论基础，这样可以在全国层面具有较好的实用性；二是具有较好的精度，但精度并不是唯一的考量维度，还需要考虑模型的简便易操作性。

城市黑臭水体在550～700nm范围内光谱曲线变化最为平缓，斜率最低。GF-2影像对应此光谱范围的绿、红波段，中心波长分别为546nm和656nm。城市正常水体在此波段范围光谱斜率同样较低，但是其具有较高的遥感反射率值，利用这一特性分别建立了不同的模型。归一化黑臭水体指数法选择这两个波段组合的遥感反射率差、和的比值来识别城市黑臭水体，算法如下：

$$N_1 \leq \frac{R_{rs}\left(\text{Green}\right) - R_{rs}\left(\text{Red}\right)}{R_{rs}\left(\text{Green}\right) + R_{rs}\left(\text{Red}\right)} \leq N_2$$

式中，R_{rs}(Green)和R_{rs}(Red)分别为GF-2卫星影像第二、三波段（即绿、红波段）大气校正后遥感反射率值，N_1、N_2为归一化黑臭水体指数法的阈值参数（即取值范围）。结合研究区内黑臭典型点位野外调查数据来分析确定归一化黑臭水体指数法的阈值参数N_1、N_2。

与归一化黑臭水体指数法类型的模型如黑臭水体识别模型*BOI*，又称改进的归一化比值模型，在归一化黑臭水体指数基础上进行了改进，选择绿波段和红波段反射率差值作为分子，采用红绿蓝三个波段作为分母。黑臭水体斜率指数*SBWI*则选取红、绿两个波段的光谱斜率的乘积作为识别黑臭水体的指数。

这些模型在国内都有相关应用，并且具有较好的识别正确率。在姚月等[1]（2019年）论文中，*NDBWI*识别正确率为96.8%，*BOI*识别正确率为100%。在温爽等[2]（2018年）论文中，*DBWI*总体识别正确率为90.7%，*SBWI*总体识别正确率为79.07%，*NDBWI*总体识别正确率为93.02%。考虑到*NDBWI*指数采用比值消除由于辐射定标等因素的影响，且比值相对较为稳定，本文采用*NDBWI*建设城市黑臭水体遥感识别模

---

[1] 姚月，申茜，朱利，等. 高分二号的沈阳市黑臭水体遥感识别［J］. 遥感学报，2019，23（2）：230-242.

[2] 温爽，王桥，李云梅，等. 基于高分影像的城市黑臭水体遥感识别：以南京为例［J］. 环境科学，2018，39（1）：11.

型。重点在于确定不同区域参数的阈值，依据黑臭典型点位样本，通过试验计算，确定模型参数，并通过野外实地调查，验证模型识别成果，建立模型。

3.2.2 水样调查

黑臭水体水样调查主要采用实地调查方法，对研究区内的水体进行调查采样，获取研究区黑臭水体、正常水体的采样数据。通过分析水体采样数据中的黑臭典型点位样本，确定模型参数，进行黑臭水体验证，最终建立遥感解译模型。黑臭水体调查主要包括研究区选择、采样点设计、实地采样调查、采样数据库建设。

首先，选择9省份（河北、吉林、山东、广东、江苏、陕西、江西、四川、宁夏）存在黑臭水体分布的县域建成区作为研究区。其次，根据黑臭水体清单，选择黑臭水体分布相对集中的区域，设计黑臭采样点，同时也选择同一区域内距离较近的一些正常水体作为对比样本。在设计选择采样点时，尽可能选择较宽的水体。然后，按照设计好的采样点，到实地进行水体采样调查。以河北省涿州市建成区为例，根据采样点设计实地调查路线，路线图如图3.2所示。

图3.2　实地调查路线图

之后，对河北省涿州市的采样点进行实地采样调查。实地水体采样调查主要测取各个采样点水体的氨氮、氧化还原电位、溶解氧、透明度等参数，具体检测方法如见表3.2。

通过上述检测方法，分别测取各个采样点水体的指标参数值，并拍摄调查照片。涿州市共采集8个点水样，如表3.3所示。其中，2个水样氨氮不达标（2号点、3号点），为重度黑臭；1个点DO不达标（3号点），为轻度黑臭；所有点位氧化还原电位均不达标，为轻度黑臭；1个点位透明度不达标（2号点），为轻度黑臭。

检测方法　　　　　　　　　表3.2

检测指标	检测标准	所用仪器
氨氮	《水质 氨氮的测定 气相分子吸收光谱法》HJ/T 195—2005	JC6801气相分子吸收光谱仪AJ–3700
氧化还原电位	《氧化还原电位的测定 电位测定法》SL 94—1994	JC0450便携式PH计 雷磁JHBJ–260
溶解氧	《水质 溶解氧的测定 电化学探头法》HJ 506—2009	JC0704便携式溶解氧仪JPB–607A
透明度	《水和废水监测分析方法》第四版增补版 塞氏盘法	JC6312钢尺水位计JK22924塞氏盘

河北省涿州市检测结果　　　　　表3.3

采样点位	点位名称	1号	2号	3号
	经度	115°57′40.64″	115°57′41.80″	115°57′26.17″
	纬度	39°29′59.15″	39°29′58.52″	39°29′27.08″
样品编号		KB1911050247–1W00101	KB1911050247–1W00201	KB1911050247–1W00301
样品种类		水质	水质	水质
采样时间		2019年11月4日	2019年11月4日	2019年11月4日
检测指标	单位	检测结果	检测结果	检测结果
氨氮	mg/L	0.082	26.6	30.8
溶解氧	mg/L	13.3	8.3	0.8
氧化还原电位	mV	−81	−46	−20
透明度	cm	0.20	0.20	0.45
水深	cm	0.20	0.32	0.56
调查照片				
采样点位	点位名称	4号	7号	8号
	经度	115°58′26.05″	116°00′54.60″	116°02′09.60″
	纬度	39°28′22.25″	39°29′46.32″	39°29′57.12″
样品编号		KB1911050247–1W00401	KB1911050247–1W00701	KB1911050247–1W00801

样品种类		水质	水质	水质
采样时间		2019年11月4日	2019年11月4日	2019年11月4日
检测指标	单位	检测结果	检测结果	检测结果
氨氮	mg/L	1.67	0.030	<0.020
溶解氧	mg/L	10.7	4.9	7.8
氧化还原电位	mV	−53	−22	−2
透明度	cm	0.10	0.8	0.25
水深	cm	0.10	0.8	0.25
调查照片				

采样点位	点位名称	9号	11号
	经度	116°00′15.60″	116°01′51.60″
	纬度	39°28′50.52″	39°28′15.60″
样品编号		KB1911050247−1W00901	KB1911050247−1W01101
样品种类		水质	水质
采样时间		2019年11月4日	2019年11月4日
检测指标	单位	检测结果	检测结果
氨氮	mg/L	0.546	<0.020
溶解氧	mg/L	8.6	2.9
氧化还原电位	mV	−37	−6
透明度	cm	0.20	0.25
水深	cm	0.20	0.25
调查照片			

2019年共计对7省份48个县的水体进行了采样，共采集到水样560个。2020年对2省8个县的水体进行了采样，共计采集到水样97个。以山东省曲阜市为例，共计14个采样点（图3.3）。其中1、7、18、19、20号水体布满绿藻，散发明显的气味。1号和7号水样各项均不达标，存在明显黑臭情况。5、8、9、10、11号水样各项均能达标，其余水体有一项或多项指标不合格，水样的透明度均能达标。

7省份采样结果中，采集到21个典型黑臭水体，详细情况见表3.4、表3.5。

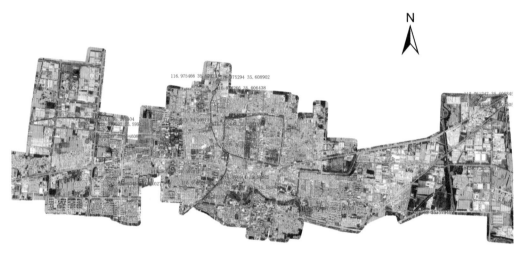

图3.3　曲阜市采样点分布示意图

黑臭水体概况表　　　　　　　　　　表3.4

序号	编号	坐标	备注	图片
1	河北涿州3号	115°57′26.17″，39°29′27.08″	河水，流速较小。水体臭，有味。流速0.056m/s，河宽24.5m	
2	河北定州16号	115°00′59.34″，38°30′53.38″	流速0.028m/s，河宽7m	

序号	编号	坐标	备注	图片
3	河北正定 15号	114°32′37.34″, 38°08′42.07″	河宽8.6m，无流速	
4	河北临城 13号	114°29′24″, 37°27′08″	有直排口，附近居民生活废水直排，水体发臭	
5	广东海丰 14号	115°20′59″, 22°57′53″	水体发黑发臭，静止	
6	广东乳源 5号	113°17′53″, 24°46′20″	附近是菜园，静止，透明度0.3m，宽度40m，深度0.5m	
7	广东乳源 14号	113°18′14″, 24°46′03″	在工业园内，旁边钢铁厂，静止，透明度见底，宽度20m，深度0.3m	

序号	编号	坐标	备注	图片
8	江西樟树4号	115°30′59.15″，28°05′07.15″	表面布满绿萍，静止，透明度见底，宽度20m，深度0.2m	
9	宁夏青铜峡1号	105.968049，37.928382	水面静止，宽度30m，周边布满芦苇，氨氮废水主要来源于化肥、焦化、石化、制药、食品、垃圾填埋场等	
10	宁夏青铜峡3号	105.974092，37.919131	水面静止，宽度100m，水体上方有大桥，周边长杂草，氨氮废水主要来源于化肥、焦化、石化、制药、食品、垃圾填埋场等	
11	山东曲阜1号	116°56′25.37″，35°35′57.98″	浅绿色水面散发臭味，湖面静止，宽度40m，深度1.3m	
12	山东诸城21号	119°26′13.98″，35°59′24.41″	流速0.5m/s，宽度8m，深度0.3m	

序号	编号	坐标	备注	图片
13	山东乳山 17号	121°30′23.84″，36°54′24.39″	水呈浅绿色，散发恶臭，有排污口，附近都是建筑垃圾，水体静止，宽度6m，深度0.3m	
14	山东平度 13号	120°00′00.27″，36°45′12.83″	散发恶臭，布满青苔，静止，透明度0.4m，宽度100m，深度2m	
15	河北高碑店6号	115°53′29.19″，39°18′41.52″	水面布满绿藻，水体发臭，周围饭馆污水直排	
16	广东东源 3号	114.745854，23.786618	表面布满绿苔，静止，透明0，宽度6m，深度0.3m	
17	江西婺源 10号	117.813524，29.258266	黑臭，静止，透明度见底，宽度10m，深度0.2m	

序号	编号	坐标	备注	图片
18	宁夏盐池13号	107.418575,37.77924	污水处理厂排出的水,有臭味,湖面静止	
19	宁夏盐池15号	107.422727,37.777648	湖面静止,宽度约200m,周边长满芦苇杂草	
20	山东曲阜18号	117°00′00.77″,117°02′32.21″	水面布满绿藻,静止,宽度150m,深度2m	
21	山东曲阜19号	35°34′48.29″,35°35′22.27″	浅绿色水面,附近居民区有可能生活污水直排,有气味,水面静止,宽度50~100m,深度2m	

黑臭水体水质   表3.5

测试编号	氨氮/（mg/L）	溶解氧/（mg/L）	氧化还原电位/mV	透明度/cm	水深/cm
河北涿州3号	30.8	0.8	−20	45	56
河北定州16号	27.2	1.3	−12	19	30
河北正定15号	15.4	0.7	−30	15	15
河北临城13号	29.8	1.7	−78	10	20

测试编号	氨氮/（mg/L）	溶解氧/（mg/L）	氧化还原电位/mV	透明度/cm	水深/cm
广东海丰14号	12.7	0.6	−2	22	49
广东乳源5号	18.6	7.6	−54	30	42
广东乳源14号	21.7	7.2	162	>30	30
江西樟树4号	29.6	3.6	17	>20	20
宁夏青铜峡1号	82.6	9.1	−196	20	20
宁夏青铜峡3号	86.6	5.9	−221	20	20
山东曲阜1号	41.0	1.4	1.2	12	130
山东诸城21号	9.10	2.7	78	30	30
山东乳山17号	44.4	1.6	−244	30	30
山东平度13号	20.6	1.4	−168	40	200
河北高碑店6号	0.190	18.2	−64	42	42
广东东源3号	0.334	1.4	59	0	30
江西婺源10号	1.50	3.4	19	>20	20
宁夏盐池13号	0.729	0.7	−258	15	15
宁夏盐池15号	3.71	1.4	−260	15	30
山东曲阜18号	6.91	2.8	58	50	200
山东曲阜19号	3.71	0.7	−29	30	200

3.2.3　建模方法

通过遥感软件或直接使用编译好的算法程序，对GF-2卫星影像绿、红波段大气校正后的遥感反射率值进行计算，获取绿、红波段组合的遥感反射率差、和的比值。对照黑臭典型点位样本，依次分析样本点所在像元的比值，特别是黑臭点的比值，确定归一化黑臭水体指数法的阈值参数N_1、N_2。

单个城市黑臭水体遥感识别模型的建立以城市采样水体为基础，以宁夏回族自治区盐池县为例，结合宁夏盐池13号、15号点位的野外调查数据，分析确定归一化黑臭水体指数法的阈值参数N_1=0.057，N_2=0.081（即$0.057 \leqslant NDBWI \leqslant 0.081$），如图3.4所示。

阈值参数确定后，针对宁夏回族自治区盐池县的县域建成区全域开展黑臭水体筛查识别解译验证工作。在水体提取成果的基础上，通过构建的黑臭水体遥感识别模型识别区分正常水体与黑臭水体，解译成果如图3.5所示，验证达到了100%的精度。

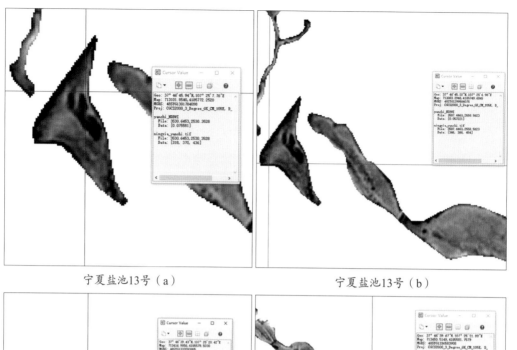

宁夏盐池13号（a）　　　　　　　　　宁夏盐池13号（b）

宁夏盐池15号（a）　　　　　　　　　宁夏盐池15号（b）

图3.4　基于黑臭典型点位野外调查数据确定参数阈值

图3.5　基于归一化黑臭水体指数法的黑臭水体解译成果

省级模型的建立采用综合数个城市模型参数的方法。以吉林省为例，选择吉林省德惠市、敦化市、珲春市、蛟河市4市建成区作为研究区域，首先对吉林省4市实地调查的采样点进行分析，区分黑臭点与非黑臭点。在实地调查采集的大量样本中区分好黑臭点与非黑臭点之后，从中选取吉林省4市的数个黑臭典型点位样本，选择研究区GF-2卫星影像作为数据源，按照单个城市黑臭水体遥感识别模型建立方法，分别建立各城市的模型参数。如吉林省德惠市重点参考6号黑臭点，确定该县的归一化黑臭水体指数法的阈值参数N_1=0.09，N_2=0.125（即0.09≤$NDBWI$≤0.125），吉林省敦化市重点参考26号黑臭点，确定该市的归一化黑臭水体指数法的阈值参数N_1=0.151，N_2=0.215（即0.151≤$NDBWI$≤0.215），吉林省珲春市重点参考20号黑臭点，确定该市的归一化黑臭水体指数法的阈值参数N_1=0.123，N_2=0.147（即0.123≤$NDBWI$≤0.147），吉林省蛟河市重点参考4号、5号、26号非黑臭点，确定该市的归一化黑臭水体指数法的阈值参数N_1=0.136，N_2=0.173（即0.136≤$NDBWI$≤0.173）。在此基础上，综合上述吉林省4市建成区确定的阈值参数范围，经测试分析比对与野外实地验证，确定4市的通用性阈值参数N_1=0.124，N_2=0.157（即0.124≤$NDBWI$≤0.157），提取结果最优，完成对吉林省单个省份的模型校正工作，吉林省其他县域建成区可参考4市的通用性阈值参数进行黑臭识别提取。

其他省采取同样的方法，分别确定城市、省模型参数阈值。经研究发现，模型阈值参数分为通用定参型、分类定参型、分县定参型3类。通用定参型适用于北方水网稀疏的区域。分类定参型适用于南方水网相对密布的区域。分县定参型适用于南方水网密布且水环境复杂的区域。

3.2.4　通用定参型

通用定参型适用于北方水网。以吉林省为例，野外核查选取吉林省德惠市、敦化市、珲春市、蛟河市4市建成区作为样本区域，采集黑臭典型点位样本。结合野外调查的黑臭典型点位样本，分别对4市建成区进行黑臭水体提取测试。参考样本，经反复测试之后，确定4市建成区的$NDBWI$阈值参数如表3.6所示。

吉林省4市建成区$NDBWI$阈值参数　　　　　　表3.6

县域建成区	阈值下限N_1	阈值上限N_2	参考样本	水体类型	是否黑臭
德惠市	0.09	0.125	6号点	—	黑臭点
敦化市	0.151	0.215	26号点	—	黑臭点
珲春市	0.123	0.147	20号点	—	黑臭点

县域建成区	阈值下限N_1	阈值上限N_2	参考样本	水体类型	是否黑臭
	0.136	0.17	4号点	—	无黑臭点
蛟河市	0.164	0.173	5号点	—	无黑臭点
	0.157	0.239	26号点	—	无黑臭点

综合以上吉林省4市建成区确定的$NDBWI$阈值参数，经测试分析比对，确定4市的通用性阈值参数N_1=0.124，N_2=0.157（即$0.124 \leqslant NDBWI \leqslant 0.157$），提取结果最优。吉林省其他县域建成区可参考4市的通用性阈值参数进行黑臭识别提取。

9省份中，吉林省、河北省、宁夏回族自治区、陕西省，可采用通用定参型方法确定模型阈值参数，测试结果如表3.7所示。

通用定参型省份$NDBWI$阈值参数 表3.7

省份	阈值下限N_1	阈值上限N_2	水体类型	备注
吉林省	0.124	0.157	—	—
河北省	0.06	0.115	—	—
宁夏回族自治区	0.057	0.081	—	—
陕西省	0.057	0.081	—	无样本，参考宁夏回族自治区

3.2.5 分类定参型

分类定参型适用于南方水网相对密布的区域。以江西省为例，野外核查选取江西省定南县、井冈山市、南丰县、瑞昌县、婺源县、兴国县、永修县、樟树市8市（县）建成区作为样本区域，采集黑臭水体典型点位样本。结合野外调查的黑臭典型点位样本，分别对8市（县）建成区进行黑臭水体提取测试。参考样本，经反复测试之后，确定8市（县）建成区的$NDBWI$阈值参数如表3.8所示。

江西省8市（县）建成区的$NDBWI$阈值参数 表3.8

县域建成区	阈值下限N_1	阈值上限N_2	参考样本	水体类型	是否黑臭
	0.057	0.072	5号点	湖库型	黑臭点
定南县	0.148	0.165	6号点	湖库型	无黑臭点
	0.042	0.056	15号点	湖库型	无黑臭点
	0.012	0.035	18号点	河流型	无黑臭点

县域建成区	阈值下限N_1	阈值上限N_2	参考样本	水体类型	是否黑臭
井冈山市	0.150	0.208	13号点	湖库型	黑臭点
	0.109	0.137	19号点	湖库型	黑臭点
	0.259	0.304	7号点	湖库型	无黑臭点
	0.120	0.187	6号点	河流型	无黑臭点
南丰县	0.177	0.227	11号点	湖库型	无黑臭点
瑞昌县	0.120	0.163	6号点	河流型	黑臭点
	0.165	0.201	16号点	河流型	无黑臭点
婺源县	0.090	0.098	3号点	湖库型	无黑臭点
兴国县	0.083	0.087	12号点	河流型	无黑臭点
永修县	0.262	0.295	6号点	湖库型	黑臭点
	0.299	0.347	10号点	湖库型	黑臭点
	0.115	0.167	17号点	湖库型	黑臭点
樟树市	0.145	0.200	4号点	河流型	黑臭点

江西省属于南方水网相对密布的区域，宜采用分类定参型方法确定模型阈值参数。将8市（县）建成区各个参考样本所在水体类型分为河流型、湖库型两大类。经研究发现，所有河流型样本趋向于一个相对稳定的阈值参数范围，而湖库型样本则趋向于另一个相对稳定的阈值参数范围。

如表3.9所示，根据定南县15号点，井冈山市13号点、19号点，南丰县11号点，婺源县3号点，永修县17号点，经测试分析比对，确定8市（县）的湖库型阈值参数$N_1=0.108$，$N_2=0.168$（即$0.108 \leqslant NDBWI \leqslant 0.168$），提取结果最优。江西省其他县域建成区湖库型水体可参考8市（县）的湖库型阈值参数进行黑臭识别提取。

江西省市（县）域建成区湖库型阈值参数分析参考　　　　　表3.9

县域建成区	阈值下限N_1	阈值上限N_2	参考样本	水体类型	是否黑臭
定南县	0.042	0.056	15号点	湖库型	无黑臭点
井冈山市	0.150	0.208	13号点	湖库型	黑臭点
	0.109	0.137	19号点	湖库型	黑臭点
南丰县	0.177	0.227	11号点	湖库型	无黑臭点
婺源县	0.090	0.098	3号点	湖库型	无黑臭点
永修县	0.115	0.167	17号点	湖库型	黑臭点

如表3.10所示，根据定南县18号点、井冈山市6号点、瑞昌县6号点、兴国县12号点、樟树市4号点，经测试分析比对，确定8市（县）的河流型阈值参数N_1=0.119，N_2=0.164（即0.119≤$NDBWI$≤0.164），提取结果最优。江西省其他县域建成区河流型水体可参考8市（县）的河流型阈值参数进行黑臭识别提取。

江西省市（县）域建成区河流型阈值参数分析参考　　　表3.10

县域建成区	阈值下限N_1	阈值上限N_2	参考样本	水体类型	是否黑臭
定南县	0.012	0.035	18号点	河流型	无黑臭点
井冈山市	0.120	0.187	6号点	河流型	无黑臭点
瑞昌县	0.120	0.163	6号点	河流型	黑臭点
兴国县	0.083	0.087	12号点	河流型	无黑臭点
樟树市	0.145	0.200	4号点	河流型	黑臭点

9省份中，江西省、四川省、江苏省、山东省，可采用分类定参型方法确定模型阈值参数，测试结果如表3.11所示。

分类定参型省份$NDBWI$阈值参数　　　表3.11

省份	阈值下限N_1	阈值上限N_2	水体类型	备注
江西省	0.108	0.168	湖库型	—
	0.119	0.164	河流型	—
四川省	0.157	0.168	湖库型	—
	0.102	0.118	河流型	—
江苏省	0.019	0.068	湖库型	—
	0.05	0.061	河流型	—
山东省	0.126	0.187	湖库型	—
	0.219	0.339	河流型	—

3.2.6　分县定参型

分县定参型适用于南方水网密布且水环境复杂的区域，只能以城市建成区为单位，确定阈值参数。以广东省为例，研究选取广东省饶平县、东源县等进行了测试，发现各县建成区水体的模型参数阈值存在较大差异，如表3.12所示。

广东省县域建成区*NDBWI*阈值参数 表3.12

县域建成区	阈值下限N_1	阈值上限N_2	参考样本	水体类型	是否黑臭
饶平县	0.118	0.120	1号点	湖库型	黑臭点
乳源瑶族自治县	0.151	0.256	5号点、14号点	湖库型	黑臭点
海丰县	0.106	0.189	15号点	河流型	黑臭点
……	……	……	……	……	……

由于每个省份存在众多县域建成区，确定模型阈值参数需要逐县采样，分县定值，从经济效益考虑，很难做到全省覆盖，是个技术难点。因此，可以结合业务需求，针对重点市（县）建成区开展黑臭水体遥感识别与监测，采用黑臭水体遥感解译综合建模。考虑到南方水网较为复杂，限于遥感影像匀色、融合等预处理算法的差异，仅依靠光谱特征难以达到更高的精度，需在原有的方法基础上构建精准、针对性识别方法。

3.3

基于综合特征的城市黑臭水体解译研究

3.3.1 环境与黑臭水体关系研究

污水直排、水体热污染、水动力条件不足、水体自净能力不足（三面光河道）、面源污染等是城市黑臭水体的主要成因，黑臭水体流经地区通常具有较为特殊的地理空间特征。污水直排主要和城市排水基础设施不完善有关，污水直排的主要区域为城中村、城郊接合部、工业区；水体热污染主要和工业污水排放有关；水动力条件不足主要分布于水体末端，如断头河等；面源污染主要分布于城郊接合部，城市黑臭水体与空间特征如图3.6所示。

图3.6表明，城中村、棚户区、城郊接合部、工业园区、畜禽养殖区、垃圾堆放点等附近河道易形成黑臭水体，具有断头河道、坑塘水体、三面光河道等河流形态的水体也容易形成黑臭水体。

为进一步验证黑臭水体分布与空间环境的关系，选取常德市黑臭水体与常德市2014年遥感卫片进行对比。常德市的黑臭水体与城市环境有着较好的相关关系，新河为黑臭水体,新河两岸存在大量的城中村(图3.7),护城河上大量的城中村(图3.8),穿紫河为断头水体(图3.9)。

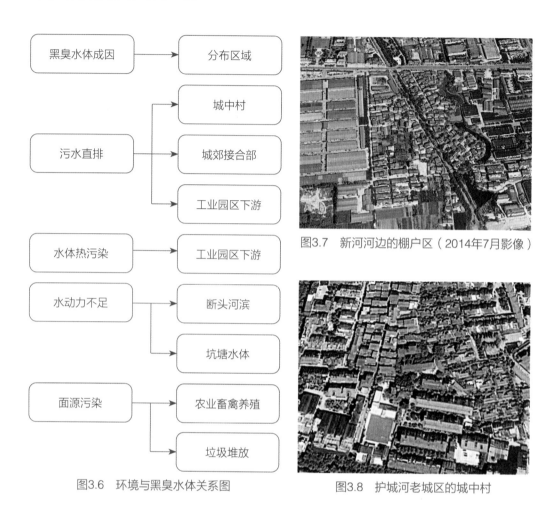

图3.6　环境与黑臭水体关系图

图3.7　新河河边的棚户区(2014年7月影像)

图3.8　护城河老城区的城中村

图3.9　穿紫河不流动的水体(2014年7月影像)

3.3.2 城市黑臭水体解译综合模型框架

考虑到黑臭水体与环境之间的关系，城市黑臭水体综合识别可采用遥感信息+要素识别的方法，即采用基于光谱特征城市黑臭水体模型，初步识别出黑臭水体的分布，再结合地物分布，判断城市黑臭水体。在已有模型的基础上，建立城市黑臭水体三维模型，利用黑臭水体归一化指数判断水体"黑"的问题，利用水质模型解决"臭"的解译问题，利用环境因子辅助判别水体疑似黑臭问题，模型框架如图3.10所示。

根据图3.10，城市黑臭水体解译综合模型为：采用归一化指数模型，识别城市黑臭水体；采用水质模型，识别城市黑臭水体；并取二者的并集，得到疑似黑臭水体分布；建立环境因子数据库，通过环境因子与疑似黑臭水体做空间运算，如果环境因子与疑似黑臭水体的距离小于某一阈值（100m）则确认为黑臭水体，如果大于该阈值，则确认为正常水体。在实际操作中，如果不能建立水质模型，则可以采用归一化指数模型+环境因子模型共同建立城市黑臭水体遥感解译综合模型。

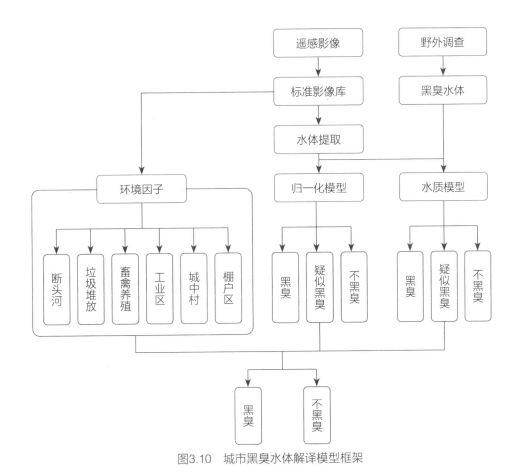

图3.10 城市黑臭水体解译模型框架

3.3.3 城中村遥感解译

城中村内部的建筑分布表现为：覆盖率高、个数多、尺寸小、间距近。根据这些特点，能够推断建筑的空间排列信息是区分城中村与其他场景（如现代居民区和自然场景）的关键要素。一般而言，采用形态学建筑指数（Morphological Building Index，简称MBI）❶进行建筑提取，MBI的主要思想是通过基本的形态学运算（如白顶帽变换、形态学差分）描述建筑物的内在属性（如亮度、对比度、方向和尺寸等）。

从图3.11城中村与非城中村场景的MBI特征，可以看到MBI特征影像能够较好地反映建筑信息。同时，也注意到MBI主要适用于具有较高局部对比度的建筑，对一些较暗的建筑提取效果不佳。虽然MBI无法精确提取城中村内的每个建筑，但是相对于城市其他景观，在城中村内，MBI还是能够表征更密集分布的建筑。从MBI的特征图中依然可以看到城中村内的建筑分布具有明显可区分的模式，主要表现为建筑覆盖率较高、建筑个数较多、建筑尺寸较小、建筑间距较近等特点。

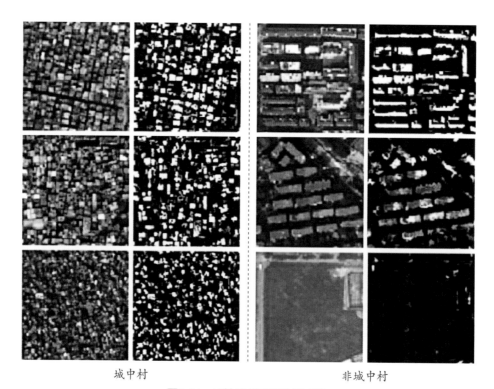

城中村　　　　　　　　　　　　　　　非城中村

图3.11　原始影像MBI特征影像

---

❶ HUANG X, ZHANG L. A multidirectional and multiscale morphological index for automatic building extraction from mulpectral GeoEye-1 imagery[J]. Photogrammetric Engineering & Remote Sensing, 2011, 77 (7): 721-732.

因此，还可采用其他典型的景观语义指数进行城中村的提取，包括建筑斑块覆盖率（PLAND）、建筑斑块个数密度（PD）、平均建筑斑块面积（MPA）以及平均建筑斑块最邻近距离（MNND）来描述建筑物的空间分布特点，具体见表3.13。

用于城中村提取的景观语义指数[1]　　　　　　　　表3.13

景观语言指数	公式	描述
建筑斑块覆盖率（PLAND）	$\sum\limits_{i=1}^{n} a_i / A$	街区内建筑类别的覆盖比例
建筑斑块个数密度（PD）	n/A	单位面积内建筑斑块的个数
平均建筑斑块面积（MPA）	$\sum\limits_{i=1}^{n} a_i / n$	街区内建筑斑块的平均面积
平均建筑斑块最邻近距离（MNND）	$\sum\limits_{j=1}^{n} h_j / A$	街区内建筑斑块到其最邻近建筑斑块的最小距离的平均值

3.3.4　城郊接合部遥感解译

城郊接合部，是城市发展到一定阶段，在城市与乡村地域之间，由于城市与乡村各要素相互渗透、相互作用所形成的独特的地域实体，其边缘效应明显、功能互补强烈，自然、人文景观和土地利用具有显著的过渡性、动态性、差异性和复杂性等特征，既不同于典型的城市，也有异于典型的农村。城郊接合部的概念源起基于城市周边景观形态的变迁，由于城市这一动力源的不断发展变化，城市边缘区的边界随城市规模，辐射强度以及城郊关系变化而变化，对这一动态区域准确界定有一定难度。

程连生等[2]对北京城市边缘带的研究，认为土地利用状况综合反映了城市和乡村景观特点，提出城郊接合部范围的判别可以转变为其景观紊乱度大小的分析。景观紊乱度的计算，可以借助C.E.香农提出的信息熵原理来完成。景观紊乱度的表达式为：

$$W = -\sum_{i=1}^{n} X_i ln X_i$$

式中，W表示景观紊乱度，W愈大，有序性愈小，而W愈小，则有序性愈大；X_i表示样本中某种用地类型所占面积的百分率；i表示样本中用地类型的数量。一般来

---

❶ 张涛，丁乐乐，史芙蓉. 高分辨率遥感影像城中村提取的景观语义指数方法［J］. 测绘学报，2021，50（1）：97–104.
❷ 程连生，赵红英. 北京城市边缘带探讨［J］. 北京师范大学学报（自然科学版），1995，31（1）：127–133.

说，纯城市地域和纯乡村地域土地利用类型较为单一，以建设用地或农用地为主，其景观紊乱度也较小；而城郊接合部土地利用类型多样，农用地和建设用地犬牙交错，其景观紊乱度也较大。从城市中心到城郊接合部再到农村区域，信息熵值会出现由低值到高值再到低值的变化过程。

各个单元在城市景观化的过程中处于不同的阶段。从外围至市区依次可概化为三个同心环带；外带景观值小于0.7，反映未受景观城市化影响的低熵、有序、稳定的农业区域。中间带景观值处于0.7~1.3之间，代表用地混乱、不稳定的城乡转化地带。内带景观值大部分小于0.6，代表已经实现了景观城市化有序、稳定的纯城市区域。因此城郊接合部可利用景观紊乱度介于0.7~1.3之间进行提取。

3.3.5 工业园区遥感解译

不管是国内的产业界还是学术界，工业园都是一个较为宽泛的概念，包括"工业园""工业区""经济技术开发区""高新技术开发区""保税区"等多种形式，都可以归结为工业园的概念范畴。从影像特征上来看，工业园区通常表现为深红色，主要分布在城镇郊区或与其相邻区域，且分布相对集中。工业园区遥感解译，主要采取监督分类方法。

第一，建立地物解译标志。选取遥感影像中只有明显工业园区解译标志的地类作为独立图斑；根据假彩色影像波谱特征、空间分辨率以及试验区的物候资料、现有的相近时相的土地利用图，结合影像的色调、亮度、饱和度、形状以及纹理结构特征，制定初步的解译标志；在此基础上选择典型地段进行预判断，根据总结结论对存疑图版进行野外调查或专家咨询，最后建立解译标志。

第二，定义分类模板。分类模板建立是监督分类的基础，分类编辑器控制着分类模板的选择、管理、评价和编辑功能。原有图像或者它的特征空间图像是生产分类模板的基础，训练样本选择根据地物解译标志，且训练样本相同类型必须是均匀的，不能包含其他类别，也不能有其他类别像元的混合。此外选择训练样本，如果组合的图像有 N 个波段，那么每一类别在选择训练样本时要保证数目在 $10N$ 以上，只有满足这个数目要求才能进行某些算法中方差及协方差的计算，但是总体的训练样本的数目应依据区域的异质程度而存在差异。

第三，评价分类模板。工业园区分类模板建立后可以对其进行评价、删除、更名等操作，反复选择训练样本，对分类模板进行可能性矩阵检验，如果误差矩阵精度大于85%则满足精度要求进而进行后续处理，否则训练样本需要更改或重新选择，或调整分类模板，直到误差矩阵值达到85%。

第四，进行监督分类。在工业园区的解译中，主要采用非参数规则的分类决策，非参数规则选择Feature Space，参数分类模板选择最大似然法，执行完监督分类，得到初步的遥感影像分类图。

第五，监督分类完成后，需要对监督分类结果进行评价。对监督分类后影像进行精度评价，最常用的方法是建立误差矩阵。计算各种统计量进行统计检验，最终给出对于总体的或者给予各种地面类型的分类精度值。误差矩阵用来表示精度评价的一种标准格式，是n行n列的矩阵。采用Kappa❶分析评价分类结果。

Kappa分析采用另一种离散的多元技术，考虑矩阵的所有因素，Kappa分析产生的评价指标称为K_{hat}统计，K_{hat}是一种测定两幅图之间吻合度或精度的指标，其公式为：

$$K_{hat} = \frac{N\sum_{i=1}^{r} x_{ii} - \sum_{i=1}^{r}(x_{i+}x_{+i})}{N^2 - \sum_{i=1}^{r}(x_{i+}x_{+i})}$$

式中，r——误差矩阵中总列数（即总的类别数）；

x_{ii}——误差矩阵中第i行、第i列上像元数量（即正确分类的数目）；

x_{i+}——第i行总像元数量；

x_{+i}——第i列总像元数量；

N——总的用于精度评估的像元数量。

第六，分类后处理。无论是监督分类还是非监督分类，都是按照图像的光谱特征进行聚类分析的，都有一定的盲目性。因此对分类后的工业园区进行分类后处理才能得到相对理想的分类结果。基于聚类统计，对结果进行处理，计算每个分类图斑的面积、记录相邻区域中最大图斑面积的分类值，产生一个Clump类组输出图像，其中每个图斑都包含Clump类组属性。基于去除分析，去除Clump聚类影像中的小图斑并将它们合并到相邻的最大类别中。最后利用分类重编码功能对经过聚类统计和去除分析处理的分类结果进行相应的合并，并将众多小类合并产生一个新的分类专题层。

选取长江干流江苏段作为研究区，对江苏省长江沿岸的工业园区进行遥感解译，掌握工业园区的现状、改建、扩建情况。图3.12为某沿江工业园区的遥感解译结果。

---

❶ Weighted kappa: Nominal scale agreement with provision for scaled disagreement or partial credit. Cohen J. Psychological Bulletin. 1968.

经度：119.9270　　纬度：32.2255

图3.12　工业园区解译结果

3.3.6　畜禽养殖场遥感解译

畜禽养殖场是由各种不同类型地物组成的综合体。以养猪场为例（图3.13），一般猪舍顶部呈蓝色或红色，易与工厂等成片建筑物混分。养猪场一般不成片分布，与民房等有一定空间距离且其面积明显小于工厂等成片建筑物，故对于成片建筑物这一易与养猪场混分的地物，可基于eCognition平台对预处理后的遥感影像进行棋盘分割，选择合适的棋盘分割目标大小使遥感影像分割为若干大小一致的方格，再利用建筑物面积指数（Building Area Index，简称BAI）❶选择合适的阈值达到去除目的。

主要提取步骤如下：

（1）明确提取要素。养猪场是由各种不同类型地物组成的综合体。养猪场按组成要素可分为两大类，见表3.14，所提取的要素可明确为猪舍(包括高亮养殖大棚及一般猪舍)、粪污池和蓄水池3类4种。

---

❶ 任建平. 利用高分辨率遥感影像提取城市路网信息［D］. 兰州：兰州大学，2018.

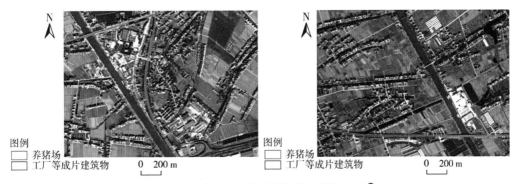

图3.13 部分典型养猪场周边遥感影像特征[1]

养猪场组成要素 表3.14

地物类别		比例/%
大类	小类	
由猪舍、粪污池（蓄水池）等地物构成	由猪舍、粪污池构成	25
	由猪舍、蓄水池构成	25
	由猪舍、粪污池（蓄水池）等地物构成	8.33
仅由猪舍构成	猪舍全部为高亮养殖大棚	25
	猪舍部分为高亮养殖大棚	8.33
	猪舍无高亮养殖大棚	8.33

（2）去除成片建筑物。一般地，建筑物面积指数越大，该区域内建筑面积就越大，而将养猪场包含在内的方格建筑面积明显小于将工厂等成片建筑物包含在内的方格，故可选择一个合适的阈值将工厂等成片建筑物去除。

基于eCognition平台，对遥感影像进行棋盘分割，设置不同的棋盘分割目标大小，对应选择不同的建筑物面积指数阈值，可经过多次试验，确定最佳阈值，进行成片建筑物的去除。

（3）多尺度分割。基于eCognition平台，对去除工厂等成片建筑物后的GF-2影像进行多尺度分割。进行多尺度分割需要设置如下参数：影像图层权重、尺度参数、一致性组合，其中，一致性组合包括形状因子和紧致度因子。由于需综合考虑各种地类的光谱异质性，故各图层波段权重均设置为1。对于一致性组合，从大量的对照实验中选择较为合适的参数设置，确定形状因子和紧致度因子。尺度参数确定了生成的

---

❶ 陈俊松，施舫，杜薇，等. 基于GF-2影像的平原河网区规模化生猪养殖场提取方法研究［J］. 生态与农村环境学报，2020，36（11）：1485-1494.

影像对象最大允许异质度，尺度参数值越大，分割对象结果越大。ESP（Estimation of Scale Parameter）工具通过计算不同分割尺度参数下影像对象同质性的局部变化（Local Variance，简称LV）的变化率值ROC-LV（Rates of Change of LV）来指示对象分割效果最佳参数[1]。当LV变化率值最大即出现峰值时，该点对应的分割尺度即为最佳分割尺度。一般来说，ESP计算得到的最优分割尺度并非只有一个，这是由于几个最优分割尺度是针对影像内不同地物得出的。该研究使用ESP工具初步确定一系列最优分割尺度并通过目视判别进行筛选，选择适用于该研究的最优分割尺度。

（4）确定提取特征及规则集。根据明确的猪舍（包括高亮养殖大棚及一般猪舍）、粪污池和蓄水池3类4种提取要素，针对高亮养殖大棚，基于其在影像中发亮发白的特点，利用平均亮度值这一光谱特征设置阈值进行提取。针对一般猪舍，其房顶多呈蓝色、红色或砖红色，可分别利用蓝光、红光波段平均值设置阈值进行提取。对于粪污池和蓄水池可利用归一化水体指数等指数设置阈值进行提取。

（5）提取规则集的验证。根据提取规则集提取养猪场各提取要素后，根据各提取要素空间距离较近的特点，叠加分析各提取要素，可得养猪场空间分布。选取养猪场作为验证对象。对预处理后的遥感影像进行相同的处理，提取养猪场；最后实地考察提取结果所在位置，验证其空间一致性。将养猪场空间分布提取结果与现场实地考察获取的养猪场实地空间分布数据进行叠加分析，得出各养猪场提取结果与对应养猪场实地位置的重叠区域，将重叠区域面积与对应养猪场实际面积之比的平均值作为该次提取结果空间一致性验证指标A，其计算公式为[2]：

$$A = \frac{1}{n} \sum_{i=1}^{n} \left(\frac{Se \cap Sr}{Sr} \right)$$

式中，n为养猪场数量，家；Se为养猪场各提取要素面积之和，m^2；Sr为养猪场实地面积，m^2。

3.3.7 垃圾堆放处遥感解译

垃圾堆放处由于堆放的垃圾类型不同，影像颜色一般不均匀，以灰白、白色为主，有时会夹杂褐色斑点，多发白发虚；有的由于有植被覆盖呈现出红色，但是由于

[1] Lucian Drăgut; Dirk Tiede; Shaun R. Levick. ESP: a tool to estimate scale parameter for multiresolution image segmentation of remotely sensed data [J]. International Journal of Geographical Information Science, 2010, 24 (6): 859-871.
[2] 陈俊松，施舫，杜薇，等. 基于GF-2影像的平原河网区规模化生猪养殖场提取方法研究 [J]. 生态与农村环境学报，2020，36（11）：1485-1494.

植被分布的不均匀，使红色分布不均匀、比较杂乱不规则；色调变化随机，亮色和暗色一般不均匀地交替分布。

非正规垃圾场的形状一般不规则，与周边地物的边界比较模糊；由于内部高度不一，存在阴影，呈现凹凸不平的一个个小丘状分布。纹理提示了图像中辐射亮度值空间变化的重要信息，非正规垃圾场的纹理一般较粗糙。

城市垃圾由于成分复杂而相应的光谱特征也很复杂，同时垃圾的新鲜程度对其光谱特性也有很大影响，因此难以采用自动的方法进行垃圾场的识别。所以常常通过人机交互判读识别未知的非正规垃圾场。同时可以根据非正规垃圾场的分布特征（主要是位置特征），利用已有的基础数据（如土地利用图等），运用GIS的空间分析方法提高识别能力。因此，采用目视解译为主，通过人机交互判读方式识别垃圾堆放处。图3.14为解译成果案例。

垃圾堆放处

图3.14　垃圾堆放处解译结果

3.4

城市黑臭水体数据库建设

3.4.1　采样数据库建设

以2019年7省份及2020年2省份水体采样资料为基础，建立了9省份（河北、吉林、山东、广东、江苏、陕西、江西、四川、宁夏）水体采样数据库。数据库主要由采样点分布图、采样点shp数据、建成区水系解译成果、建成区卫片及采样现场图片组成。以四川省水体调查数据库为例（图3.15），主要包括郫县、都江堰、崇州、大邑、邛崃、新津6个县市的卫片、建成区边界、建成区水系，及各县的采样点数据（图3.16）。

整理各采样点信息，构成采样点属性表，属性表共计13个字段，主要由序号、坐标、氨氮、溶解氧（DO）、氧化还原电位（OPR）、透明度、水深、采样照片及其他备注等组成，如图3.17所示。

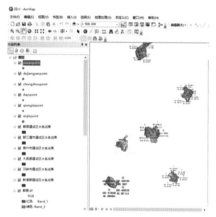

图3.15　四川省黑臭数据库实例

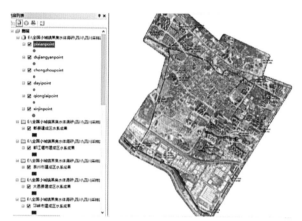

图3.16　采样点分布示例

OBJEC	SHAPE	序号	X	Y	氨氮	DO	ORP	透明度cm	水深cm	备注	备注1	图片
1	点	1	103.8591	30.790478	0.097	12.4	-68	70	200	河水	采集到	<栅
2	点	2	103.8604	30.790751	<空>	<空>	<空>	<空>	<空>	下不去	<空>	
3	点	3	103.8846	30.770541	0.096	12.2	-54	78	150	河水	采集到	<栅
4	点	4	103.9682	30.787016	0.147	5.6	-39	50	50	工厂水塘	采集到	<栅
5	点	5	103.9662	30.803962	0.267	12.4	-31	40	40	小河	采集到	<栅
6	点	6	103.8703	30.820098	<空>	<空>	<空>	<空>	<空>	正在施工	<空>	
7	点	7	103.8636	30.82411	<空>	<空>	<空>	<空>	<空>	进不去	<空>	
8	点	8	103.8741	30.825779	<空>	<空>	<空>	<空>	<空>	小区不让	<空>	
9	点	9	103.8796	30.826082	0.114	8.7	215	20	20	<空>	采集到	<栅
10	点	10	103.8782	30.819018	0.2	11.6	-54	70	100	河水	采集到	<栅
11	点	11	103.8739	30.810415	0.166	9.5	-76	70	100	水务局水	采集到	<栅
12	点	12	103.8727	30.81265	0.235	7.5	-60	55	100	寺庙水池	采集到	<栅
13	点	13	103.9041	30.815405	<空>	<空>	<空>	<空>	<空>	下不去	<空>	
14	点	14	103.9015	30.809658	0.196	9.9	-53	40	40	河水	采集到	<栅
15	点	15	103.9060	30.804577	<空>	<空>	<空>	<空>	<空>	不让进	<空>	
16	点	16	103.9969	30.798758	0.176	4.4	-41	48	48	公园水体	采集到	<栅
17	点	17	103.9030	30.795165	0.109	4.3	-24	40	40	公园水体	采集到	<栅
18	点	18	103.9004	30.796782	0.419	3.1	-21	33	33	公园水体	采集到	<栅
19	点	19	103.9953	30.793448	0.753	6.2	-38	80	150	公园水体	采集到	<栅
20	点	20	103.8836	30.796052	0.604	7.3	-30	75	75	公园水体	采集到	<栅
21	点	21	103.8832	30.790068	0.399	2	-28	45	100	学校水体	采集到	<栅
23	点	22	103.8922	30.779994	<空>	<空>	<空>	<空>	<空>	马路中间	<空>	<栅

图3.17　采样点属性表示例

3.4.2 黑臭水体解译数据库

3.4.2.1 数据库组织

本书根据山东省、宁夏回族自治区、河北省、广西壮族自治区、陕西省、四川省、吉林省、江西省、江苏省9个省份调查资料，采用建立的黑臭水体解译模型判定黑臭水体。黑臭水体解译结果以黑臭水体空间分布专题图形式呈现（jpg等图片文件格式），主要展示黑臭河流在空间上的分布情况，需要包括以下要素：

（1）城市遥感影像底图。以0.8m分辨率的GF-2卫星遥感影像作为城市遥感影像底图，其底图选择以2017年至2020年的5—10月为主，云、雾、雪量不得超过10%，且不得覆盖重点地物。

（2）城市水系。基于GF-2卫星遥感影像，采用深度学习法，提取城市水系，具体见本书第二章。

（3）黑臭河段（红色）。以本章节建立的模型，并以人工干预为辅助，解译城市黑臭水体河段。

（4）建成区边界。建成区，指市行政区范围内经过征收的土地和实际建设发展起来的非农业生产建设地段，它包括市区集中连片的部分以及分散在近郊区与城市有着密切联系，具有基本完善的市政公用设施的城市建设用地（如机场、铁路编组站、污水处理厂、通信电台等），具体见第二章。

（5）数据源与时间。遥感卫星数据源选择0.8m分辨率的GF-2卫星遥感影像，影像时相以2017年至2020年的5—10月为主。

（6）其他地图要素：指北针、比例尺与出图单位。

3.4.2.2 数据库展示

对山东省、宁夏回族自治区、河北省、广西壮族自治区、陕西省、四川省、吉林省、江西省、江苏省9个省份的县域建成区进行黑臭水体识别解译，其中黑臭水体主要分为河流型和湖库型两种。以下列举黑臭水体空间分布案例成果如下：

（1）建成区案例

截至2016年，河北省13市（含定州、辛集）城区及周边共存在黑臭水体45条，除张家口、承德无黑臭水体外，其余11市均存在黑臭水体。

以河北省涿州市为例，共统计河流型黑臭水体4处，黑臭河流总长度为2.493km；湖泊型黑臭水体9处，黑臭湖库总面积为0.24km^2。图3.18为河北省涿州市建成区黑臭水体空间分布专题图。

图例
■ 黑臭水体
■ 水体

0 0.4 0.8   1.6   2.4   3.2km

制图时间：2020年5月29日   卫星数据源：高分二号   影像空间分辨率：0.8m   制图单位：中国城市规划设计研究院

图3.18   河北省涿州市建成区黑臭水体空间分布专题图

（2）局部黑臭河流案例

以山东省临沂市为例，共统计河流型黑臭水体24处，黑臭河流总长度65.701km。以临沂市青龙河、柳青河、孝河为例，对比分析研究区局部黑臭河流现状，以及整治前后黑臭状况。图3.19为2020年山东省临沂市青龙河黑臭水体空间分布专题图。

山东省临沂市柳青河整治前后黑臭状况对比如图3.20所示。

山东省临沂市孝河整治前后黑臭状况对比如图3.21所示。

图例
■ 黑臭水体
■ 正常水体

0 62.5 125   250   375   500
m

制图时间：2020年7月24日   卫星数据源：高分二号   影像空间分辨率：0.8m
制图单位：中国城市规划设计研究院

图3.19   2020年山东省临沂市青龙河黑臭水
体空间分布专题图

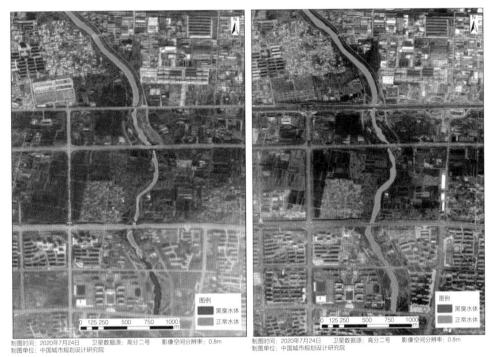

（a）有黑臭（2017年）　　　　　　　　　　（b）无黑臭（2020年）

图3.20　山东省临沂市柳青河整治前后黑臭状况对比

（a）有黑臭（2017年）　　　　　　　　　　（b）无黑臭（2020年）

图3.21　山东省临沂市孝河整治前后黑臭状况对比

3.5

黑臭水体平台建设

3.5.1 平台总体架构

通过建设分类数据库，管理不同来源不同阶段所涉及的各项数据资源。数据库包括卫星遥感数据库、基础地理信息库、野外调查库、算法模型库、成果库、黑臭案例库，并基于以上6库建设城市黑臭水体数据库管理系统，实现对各项数据资源的综合管理，提升黑臭水体监测信息化水平，服务管理决策。

（1）卫星遥感数据库、基础地理信息库

卫星遥感数据库、基础地理信息库的开发任务包括原始卫片、预处理后卫片及其他基础地理信息数据的入库开发与管理，提供数据录入、数据审核、数据资源目录、数据查询与可视化预览、数据资源访问权限管理等功能。

（2）野外调查库

野外调查库开发任务包括现有的野外调查原始数据（监测数据、现场照片），现有的黑臭水体判断辅助信息（垃圾点位置、污染源信息、棚户区、城中村、工业区、排污口、养殖场）的入库开发与管理，提供数据录入、数据审核、数据资源目录、数据查询与可视化预览等功能。

（3）算法模型库

算法模型库开发任务包括已有水体算法（方法及阈值）、已有黑臭水体算法（方法及阈值）及参数的入库开发与管理，提供模型参数配置与保存、模型查询、模型调用等功能。

（4）成果库

成果库开发任务及具体功能需求包括指定省份县域建成区水体、黑臭水体成果的入库开发与管理，水体、黑臭水体原始成果、统计成果输出与展示功能，黑臭水体治理方案关键词模糊查询功能。

（5）黑臭案例库

黑臭案例库开发任务及具体功能需求包括黑臭水体治理方案的综合查询功能。

（6）城市黑臭水体数据库管理系统

基于6库建设城市黑臭水体数据库管理系统，实现各项数据资源的综合管理，系统建设内容主要包括资源管理、黑臭识别、统计分析等模块开发。

3.5.2 平台功能设计

黑臭水体数据平台逻辑架构可用图3.22来表示。为了减小功能界面和逻辑实现的耦合，并最大限度地实现代码的共用和统一维护，所有子系统和功能模块都采用分层设计和实现的原则。

最底层为基础设施层，主要包括服务器、工作站、交换机、网络、磁盘阵列存储等硬件设施，以及操作系统、数据库软件、防火墙、安全软件等软件设施。

基础设施层往上为数据资源层，即采用PostgreSQL作为数据存储和管理的业务数据库，主要建设卫星遥感数据库、基础地理信息库、野外调查库、算法模型库、成果库、黑臭案例库6个数据库，存储与管理各类数据资源，为上层服务以及应用提供数据和接口调用。

数据资源层往上为平台服务层，基于Restful Web API设计规范，主要实现各应用模块所需的功能逻辑，并以注册Web服务的方式供各应用模块的功能界面调用。服务层主要包括数据查询服务，数据共享服务，数据分发服务，数据下载服务，与地图相关的动态地图服务、缓存地图服务，与系统管理相关的元数据服务，日志服务，

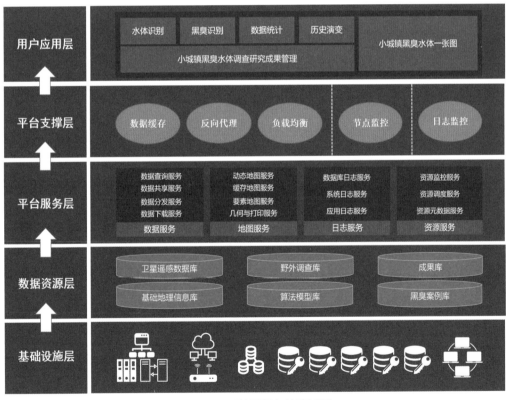

图3.22　系统逻辑架构设计图

监控服务等相关服务。各种相关服务通过注册、组合以实现应用层提交的功能业务逻辑。

平台服务层往上为平台支撑层，通过设置数据缓存、反向代理、负载均衡、节点监控、日志监控等策略实现应用访问数据的连接。

整个平台架构最上层为用户应用层，为最终面向用户的交互层，主要包括系统平台及各应用模块。功能界面层通过系统交互界面，统一封装功能逻辑层、数据库层，接受各功能所需的参数输入，并将结果进行展示，最终实现所有功能需求。

3.5.3 解译模型开发

3.5.3.1 水体识别模型
（1）归一化差分水体指数法NDWI

水体指数法寻找多光谱图像中最强和最弱的水体特征反射波段，并借助比例运算扩大最强反射波段和最弱反射波段之间的差距来检测水体。NDWI指数的计算方法如下：

$$NDWI = \left[p\left(\text{Green} \right) - p\left(\text{NIR} \right) \right] / \left[p\left(\text{Green} \right) + p\left(\text{NIR} \right) \right]$$

式中，$p\left(\text{Green} \right)$、$p\left(\text{NIR} \right)$分别表示卫星传感器经过大气校正后的绿光和近红外波段反射率值。

NDWI计算步骤如图3.23所示。首先，输入待计算NDWI的影像路径、文件名，结果存放路径、文件名，绿光波段序号及近红外波段序号；然后，逐点计算NDWI，背景像素0不参与计算，最后输出结果图像。

接口说明见表3.15。

（2）两步城市水体指数法TSUWI

TSUWI是吴薇等[1]（2018年）通过结合UWI和USI来应用的。TSUWI通过依次将UWI和USI应用于影像来提取城市用水。

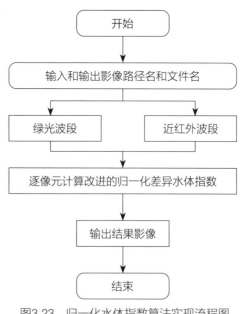

图3.23　归一化水体指数算法实现流程图

---

[1] Wu Wei, Li Qiangzi, Zhang Yuan, et al. Two-Step Urban Water Index (TSUWI): A new technique for high-resolution mapping of Urban Surface Water [J]. Remote Sensing, 2018, 10 (11).

工具名称		归一化水体指数算法
主文件		NDWI. py
参数	inputFile	输入影像文件的路径
	outputFile	输出影像文件的路径
返回		正确返回1，失败返回0
接口		cal_NDWI
依赖的库及版本		gdal2.2.4、numpy1.15.7

*UWI*首先用于生成临时水面罩，然后使用*USI*消除临时水罩中包含的暗影像素和亮影像素，并获得最终的水提取结果。

城市水体指数*UWI*（Urban Water Index）的算法如下：

$$UWI = \frac{G - 1.1R - 5.2NIR + 0.4}{|G - 1.1R - 5.2NIR|}$$

城市阴影指数*USI*（Urban Shadow Index）的算法如下：

$$USI = 0.25\frac{G}{R} - 0.57\frac{NIR}{G} - 0.83\frac{B}{G} + 1$$

两步城市水体指数*TSUWI*（Two-Step Urban Water Index）表达公式如下：

$$TSUWI = (UWI > T1) \wedge (USI > T2)$$

在此，*TSUWI*是二进制指数，其可能值为0或1，取决于公式的布尔运算结果。值0表示非水，而值1表示水。*T*1和*T*2分别表示*UWI*和*USI*的最佳阈值。理论上0可以用作默认值。但是，由于场景亮度和对比度随时间和空间的变化，最佳阈值应根据特定条件确定。工具流程如图3.24所示。

接口说明见表3.16。

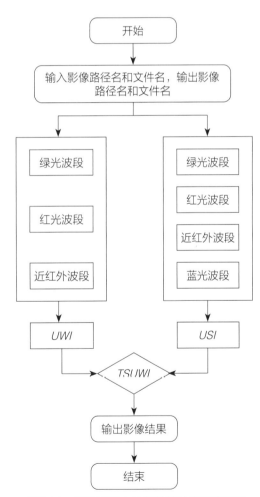

图3.24　两步城市水体指数算法实现流程图

两步城市水体指数算法接口 表3.16

工具名称	两步城市水体指数算法	
主文件	TSUWI.py	
参数	inputFile	输入影像文件的路径
	outputFile	输出影像文件的路径
返回	正确返回1，失败返回0	
接口	cal_ TSUWI	
依赖的库及版本	gdal2.2.4、numpy1.15.7	

3.5.3.2 黑臭水体识别模型

（1）归一化黑臭水体指数NDBWI

归一化黑臭水体指数NDBWI的算法如下：

$$NDBWI = \frac{R_{rs}(\text{Green}) - R_{rs}(\text{Red})}{R_{rs}(\text{Green}) + R_{rs}(\text{Red})}$$

式中，$R_{rs}(\text{Green})$和$R_{rs}(\text{Red})$分别为GF-2影像第二波段和第三波段大气校正后遥感反射率值，NDBWI值无量纲。

选取两个常数值$N_1=0.06$、$N_2=0.115$作为判别黑臭水体和非黑臭水体的阈值。

$$目标 = \begin{cases} N_1 \leqslant NDBWI \leqslant N_2，黑臭水体 \\ N_1 > NDBWI 或 NDBWI > N_2，非黑臭水体 \end{cases}$$

NDBWI计算步骤如图3.25所示。首先，输入待计算NDBWI的影像路径、文件名，结果存放路径、文件名，以及波段序号；然后根据绿光、红光波段逐像元计算NDBWI，当$0.06 \leqslant NDBWI \leqslant 0.115$时，判断为黑臭，否则，为正常水体，最后输出结果图像。

接口说明见表3.17。

归一化黑臭水体指数算法接口 表3.17

工具名称	归一化黑臭水体指数算法	
主文件	NDBWI.py	
参数	inputFile	输入影像文件的路径
	outputFile	输出影像文件的路径
返回	正确返回1，失败返回0	
接口	cal_NDBWI	
依赖的库及版本	gdal2.2.4、numpy1.15.7	

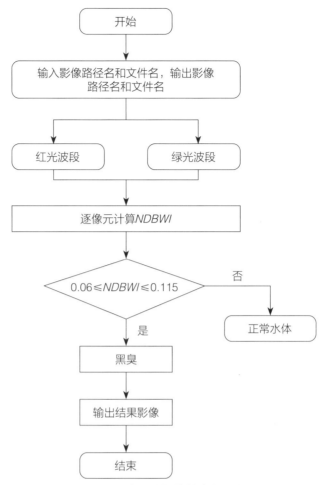

图3.25　归一化黑臭水体指数算法实现流程图

（2）黑臭水体识别模型*BOI*

黑臭水体识别模型*BOI*（Black and Odorous water Index）的算法如下：

$$BOI = \frac{R_{rs}(\text{Green}) - R_{rs}(\text{Red})}{R_{rs}(\text{Blue}) + R_{rs}(\text{Green}) + R_{rs}(\text{Red})} \leqslant T$$

式中，R_{rs}（Blue）为蓝光波段的遥感反射率，R_{rs}（Green）为绿光波段的遥感反射率，R_{rs}（Red）为红光波段的遥感反射率，T为阈值。

*BOI*计算步骤如图3.26所示，首先，输入待计算*BOI*的影像路径、文件名，结果存放路径、文件名，绿光波段序号、红光波段序号及蓝光波段序号；然后，逐点计算*BOI*，背景像素0不参与计算，最后输出结果图像。

接口说明如表3.18。

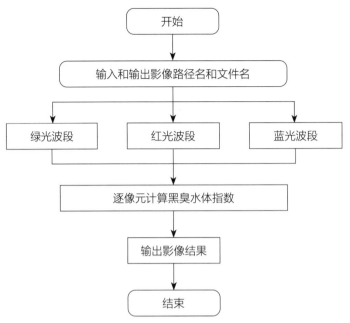

图3.26 黑臭水体识别模型算法实现流程图

黑臭水体识别模型算法接口   表3.18

工具名称	黑臭水体识别模型算法	
主文件	BOI.py	
参数	inputFile	输入影像文件的路径
	outputFile	输出影像文件的路径
返回	正确返回1，失败返回0	
接口	cal_BOI	
依赖的库及版本	gdal2.2.4、numpy1.15.7	

3.5.4 模型计算展示

平台面向黑臭水体识别模块研发集成了归一化黑臭水体指数、黑臭水体识别模型两种算法模型。用户通过创建黑臭水体提取任务，定义任务指标，如任务名称、任务区域、输入数据源、输入数据年份、黑臭水体算法模型及参数等，点击"确定"按钮，平台将整个提取任务转向后台进行黑臭水体计算，实现黑臭水体在线提取功能，可在左侧任务列表中查看当前任务进度。平台支持多个区域的批处理，只需在定义任务区域时选择多个待提取区域即可。提取任务完成后，点击预览图标，支持在地图窗口上进行黑臭水体提取成果的在线预览，见图3.27。

为满足黑臭水体遥感识别成果核定与后处理需求，平台提供成果后处理编辑功能，即在输出的遥感识别成果基础上，用户结合现场调查，通过人机交互方式对遥感识别成果进行核定与后处理编辑，支持对河流型黑臭水体的折线绘制，以及湖库型黑臭水体的多边形绘制功能，并提供绘制编辑记录相应属性信息的在线赋值与入库保存，参与成果数据统计，见图3.28。

图3.27　黑臭水体提取成果预览

图3.28　黑臭水体遥感识别成果后处理编辑

4

第四章

咸宁市黑臭水体治理示范

4.1

黑臭水体治理要求及城市概况

4.1.1 黑臭水体治理要求及示范情况

2015年4月《国务院关于印发水污染防治行动计划的通知》（国发〔2015〕17号）明确到2020年，地级及以上城市建成区黑臭水体均控制在10%以内。为落实中共中央、国务院关于打赢污染防治攻坚战的有关要求部署，自2018年起，财政部、住房城乡建设部、生态环境部共同组织实施城市黑臭水体治理示范，中央财政分批支持部分治理任务较重的地级及以上城市开展城市黑臭水体治理，确保到2020年底全面达到中共中央、国务院关于黑臭水体治理的目标要求，并带动其他地级及以上城市建成区实现黑臭水体消除比例达到90%以上的目标。

中央财政对入围城市给予定额补助，对第三批入围城市，每个城市支持3亿元。入围城市按要求制定城市黑臭水体治理实施方案，明确总体和年度绩效目标，统筹使用中央财政资金及地方资金，重点用于控源截污、内源治理、生态修复、活水保质、海绵城市体系建设以及水质监测能力提升等黑臭水体治理重点任务和环节，建立完善长效机制，确保按期完成治理任务。

对于黑臭水体治理示范城市，国家要求：

（1）标本兼治，确保实效。要遵循黑臭水体治理科学规律，既注重采取工程措施，削减污染入河，强化污染治理，又注重源头管控，加大生态修复力度。突出治理实效，还给老百姓清水绿岸、鱼翔浅底的景象，使人民群众具有获得感、幸福感。

（2）海绵理念，综合施策。在开展黑臭水体治理时，做好与其他政策的统筹衔接，推广海绵城市建设理念，因地制宜推进城市海绵化改造，通过优化建设格局，恢复城市水系的完整性连通性；建立统筹推进海绵城市建设、黑臭水体治理、地下综合管廊、生活垃圾分类等工作机制，突出综合效益，提升城市品质。

（3）创新模式，长"制"久清。要结合实际创新投融资模式，视情况规范采取PPP等模式，发挥好财政资金的撬动作用，带动社会资本参与城市黑臭水体治理。建立完善制度办法，明确河（湖）长在黑臭水体整治长"制"久清的主体作用，切实履行组织协调等责任，发现问题及时解决。明确污水垃圾处理设施和水体日常维护管理的单位、制度和责任人，并统筹使用财政补贴、收费等政策手段，形成城市水体运行维护的长效机制。

4.1.2　咸宁市城市概况

作为第一批国家黑臭水体治理示范城市的咸宁市，位于湖北省东南部，长江中游南岸，湘鄂赣三省交界处，面积9861km²，是南下北上的主要通道，有"湖北南大门"之称。咸宁市东与黄石市的阳新县交界，南与江西省的修水县、湖南省的平江县接壤，西与湖南省的临湘市相连，北与荆州市的洪湖市隔江相望，与武汉江夏区、鄂州市、大冶市毗邻。咸宁市北依长江、斧头湖、凉水湖，南靠大幕山、幕府山，淦河穿城而过，形成了依江靠山、一河穿城的山水格局。

咸宁市地势由南向北倾斜，地形以低山丘陵为主，兼有平原、盆地、高山、岗地、湖泊，类型多样。南部多为山区，中部为低山丘陵区，北部为平原湖区。山区、丘陵、平原分别占全市总面积的27.8%、55.8%和16.4%。

咸宁市主城区大部分区域高程在20～50m之间，大部分地区坡度小于5度，沿淦河、斧头湖、西凉湖周边地势较低，一般在20m以下，西南部地势较高，一般为200～500m。

咸宁历史悠久，夏商为荆楚地，秦属南郡，汉属江夏郡，明清属武昌府。历史上，著名的赤壁之战发生在这里。1949年后，咸宁先后分属孝感、武汉、大冶专区，1965年设立咸宁地区，1998年底撤地设市，现辖四县（嘉鱼、崇阳、通山、通城）、一市（赤壁市）、一区（咸安区）及一个国家级高新技术产业园区（原咸宁经济开发区），地域面积10033km²。2022年末，全市常住人口261.67万，其中，城镇人口151.90万，常住人口城镇化率58.05%。2022年，全市完成生产总值1875.57亿元，按不变价计算，比上年增长4.3%。其中，第一产业249.46亿元，增长4.3%；第二产业739.23亿元，增长5.7%；第三产业886.87亿元，增长3.1%，三次产业结构比为13.3：39.4：47.3。全年人均地区生产总值71732元，比上年增长5.5%。

4.2

黑臭水体情况及成因分析

4.2.1　黑臭水体情况

在2015年对城区黑臭水体进行初步排查的基础上，2016年咸宁市再次对城区水体逐一系统地进行了现场勘查。排查结果（表4.1）显示，咸宁市城区共有黑臭水体5条，分别为滨湖港（含横沟河）、北洪港（含三八

城市黑臭水体基本信息表 表4.1

编号	黑臭水体名称	河道全长/km	需整治的河道长度/km
1	滨湖港（含横沟河）	21.15	7.6
2	北洪港（含三八河、商刘堰）	10.3	7.31
3	杨下河	6.66	5.5
4	浮山河	6.35	6.3
5	大屋肖河（含马桥河）	15.31	11
6	合计	59.77	37.71

河、商刘堰）、杨下河、浮山河、大屋肖河（含马桥河），河道总长度59.77km，其中需要治理的黑臭水体长度为37.71km（含流域内黑臭水体塘、堰长6.58km）。

滨湖港（含横沟河）、北洪港（含三八河、商刘堰）、杨下河、浮山河、大屋肖河（含马桥河）等5条黑臭水体均为淦河支流，在各自汇入淦河后，进入斧头湖，再经由金水河汇入长江。具体流向及其与淦河、斧头湖和长江的区位关系见图4.1。

考虑到黑臭水体成因、治理方式、治理技术路线、治理难度等，本文选取滨湖港、浮山河为重点，介绍咸宁市黑臭水体治理方案。

图4.1　城市黑臭水体与长江的关系图

4.2.2　滨湖港黑臭水体成因分析

4.2.2.1　黑臭水体现状

滨湖港为斧头湖流域中淦河的三级支流。滨湖港原为城郊河流，后来随着城市建设向外扩展，该区域逐渐建成亿丰农贸市场，成为自建房、城中村聚集的区域。根据调研发现，滨湖港中下游亿丰农贸市场段至滨湖泵站段的水体呈黑色，散发刺鼻气味，蚊蝇滋生，常有大量垃圾漂浮于水面。与滨湖港相通的汇水沟内水体亦呈灰黑色，沟渠内生活垃圾和绿色藻类漂浮。据测算，经由滨湖港向斧头湖排放的总磷，约占斧头湖磷外源输入的1/5，是斧头湖总磷超标的重要原因之一。

由于城郊缺乏规划管控，部分自建房、城中村直接盖在河道上，导致滨湖港成为城市藏污纳垢的下水道，雨水、污水全部排入滨湖港。滨湖港上游老城区段已加盖板封闭，中游居民村庄段河道狭窄，水体黑臭难闻，垃圾堆积，下游段河道较宽，河岸未整治。滨湖港部分黑臭水体现状如图4.2所示。

4.2.2.2　生活污染测算

以现状排水管网为基础，结合排水规划，确定滨湖港以老铁路为界，上游至城区暗沟出口，汇水区人口3万~4万。下游为官埠桥镇湖场村，汇水区基本没有农业面源污染，主要是城镇和农村居民生活污染，汇水区人口约1万。整个滨湖港汇水区人口在4万~5万。

根据城乡人口生活污染物产排系数：平均每人每天生活用水量在60~120L之间；污水量：50~100L/（人·d）；BOD$_5$：0.05~0.1kg/（人·d）；COD:0.06~0.12kg/（人·d）；NH$_3$-N 0.008kg/（人·d）；TP：0.001kg/（人·d）；生活垃圾：0.8~1.2kg/（人·d）；计算出：污水量5000t/d、BOD$_5$ 5t/d、COD 6t/d、NH$_3$-N 0.4t/d、TP 0.05t/d和生活垃圾60t/d，该区域污水几乎全部流入了滨湖港。

4.2.2.3　内源污染测算

查阅南京玄武湖疏浚前后、太湖五里湖、太湖常熟无锡河网、太湖湖区、杭州西湖、杭州内河、淄博田庄水库、北京官厅水库、巢湖市环城河、扬州重污染河道等10个地区60多组底泥污染释放研究成果，不同污染水体中底泥污染释放负荷见表4.2。

图4.2　滨湖港（含横沟河）水体污染现状

不同污染水体底泥污染物释放速率统计表［（单位：mg/（m²·d）］　　表4.2

项目	NH$_3$-N	TP	COD
富营养化水体	2~47	2~15	8~80
重度污染水体	50~160	30~72	160~720

底泥中污染物的释放受底泥有机质、pH、温度及氧化还原电位等因素的影响，无论好氧还是厌氧，底泥中污染物释放都随温度升高而增长，温度升高1～3℃，底泥中TP释放增加9%～57%。根据对滨湖港、浮山河底泥污染检测结果，采用内梅罗污染指数评价（表4.3），分析底泥的污染程度，评价结果见表4.4。

$$PN = \sqrt{\frac{(PI均)^2 + (PI最大)^2}{2}}$$

式中，PI均和PI最大分别是平均单项污染指数和最大单项污染指数。

内梅罗污染指数评价标准

表4.3

等级	内梅罗污染指数	污染等级
Ⅰ	$PN \leqslant 0.7$	清洁（安全）
Ⅱ	$0.7 < PN \leqslant 1.0$	尚清洁（警戒线）
Ⅲ	$1.0 < PN \leqslant 2.0$	轻度污染
Ⅳ	$2.0 < PN \leqslant 3.0$	中度污染
Ⅳ	$PN > 3.0$	重污染

黑臭水体底泥现状污染等级评价

表4.4

位置	浮山河上游		浮山河下游		滨湖巷上游		滨湖巷下游	
统计指标	TN	TP	TN	TP	TN	TP	TN	TP
最大值/（mg/kg）	3115	3302.7	4795	2514	2919	2286	2607.5	2094
最小值/（mg/kg）	86.92	124.9	181.1	222.8	231.8	270.5	130.38	189.5
平均值/（mg/kg）	556.3	569.8	1271	1030	792	814.3	627.93	673.1
平均单项污染指数（PI均）	1.61	2.26	2.68	2.13	1.69	1.90	1.45	1.67
最大单项污染指数（PI最大）	4.01	5.60	6.18	4.26	3.76	3.88	3.36	3.55
内梅罗污染指数（PN）	3.06	4.27	4.76	3.37	2.92	3.05	2.59	2.77
污染等级	重度	重度	重度	重度	中度	重度	中度	中度

综上分析，得出滨湖港、浮山河不同水体底泥污染物释放速率（表4.5）和污染物释放总量（表4.6）。

黑臭水体不同水体底泥污染物释放速率统计表［单位：mg/（m² · d）］ 表4.5

序号	名称	COD	NH₃-N	TP
1	浮山河上游	140	80	40
2	浮山河下游	60	30	15
3	滨湖港上流	60	30	15
4	滨湖港上支流	140	80	40

黑臭水体不同水体底泥污染物释放总量统计表（单位：t/a） 表4.6

序号	名称	COD	NH₃-N	TP
1	浮山河上游	1.43	0.82	0.41
2	浮山河下游	0.37	0.19	0.09
3	滨湖港上流	0.44	0.22	0.11
4	滨湖港上支流	0.26	0.15	0.07

4.2.2.4 水污染综合分析

根据点源、内源，统计滨湖港污染物负荷，见表4.7。

滨湖港污染负荷统计表（单位：t/a） 表4.7

	COD	NH₃-N	TP
生活污水	2190	146	18.25
底泥释放	0.7	0.37	0.18
污染负荷	2190.7	146.37	18.43

由表4.7可知，滨湖港绝大部分污染负荷来源于生活污水，底泥释放相对于生活污水，其排放基本可忽略不计，生活污水的排放控制是首要的。

4.2.3 浮山河黑臭水体成因分析

4.2.3.1 黑臭水体现状

浮山河起于咸宁高新技术开发区甘鲁村居民点，止于咸安区人社局，最终流入淦

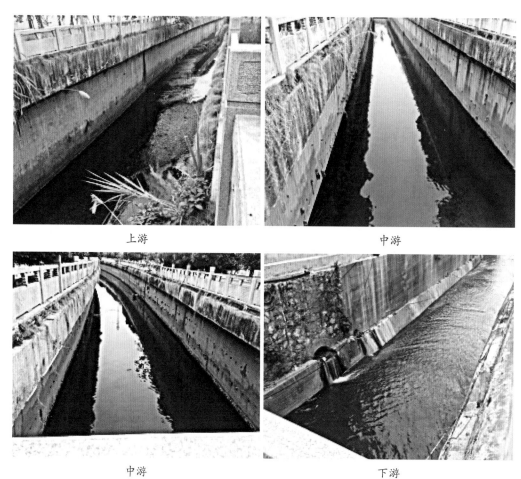

上游　　　　　　　　　　　　　　　　中游

中游　　　　　　　　　　　　　　　　下游

图4.3　浮山河水体污染现状

河。浮山河河道大部分已渠化且为明渠，只有银泉大道以北至书台街通过环卫小区段为暗渠，甘鲁村居民点以上段为自然河道。浮山河水体现状除上游甘鲁村段水质较好无黑臭外，中下游流入淦河段水质均较差，有黑臭现象，见图4.3。

4.2.3.2　生活污水直排

根据2019年10月浮山河排口检测报告，浮山河共有排口120个，除6个无数据以外，共有73个排口位于道路下，其中旱天有出水的28个；41个排口位于地块内，其中有出水的15个，见表4.8，部分排口现状见图4.4。

浮山河排口统计表　　　　　　　　　　　表4.8

河流	排口数量	道路排口			地块排口			其他排口
		有出水	无出水	小计	有出水	无出水	小计	
浮山河/个	120	28	45	73	15	26	41	6

图4.4　浮山河污水直排部分排口概况

按排口出水水质分类，出水水质轻度黑臭的8个，重度黑臭的3个，不黑臭的28个；出水水质达到污水处理厂一级A标的排口有11个，达到一级B标的有31个；按地表水环境质量标准分类，出水水质达到地表水V类（仅考虑NH_3-N和COD）的为11个，具体见表4.9。

排口出水水质统计　　　　　　　　　　　　　　　　表4.9

水质标准	地表水环境质量标准	污水处理厂排放标准		城市黑臭水体整治工作指南		
具体指标	地表V类 $NH_3-N-2mg/L$ $COD-40mg/L$	一级A $NH_3-N-5（8）mg/L$ $COD-50mg/L$	一级B $NH_3-N-8（15）mg/L$ $COD-60mg/L$	不黑臭 NH_3-N $<8.0mg/L$	轻度黑臭 NH_3-N 8.0- 15mg/L	重度黑臭 $NH_3-N>$ 15mg/L
数量	11	11	31	28	8	3

4.2.3.3　存在管网空白区

咸宁市部分城中村、老旧小区等存在管网空白区（无市政污水管）和管道基础较薄弱区，下雨后城市存在污水横流现象，严重影响河道水环境质量。根据调查，咸宁市中心城区管网空白区1.6km²，管网薄弱区3.4km²，合计5km²，具体分布见图4.5，其中浮山河流域内5号、6号、7号、8号、9号为管网空白区，面积51hm²。

4.2.3.4　河流自净能力差

浮山河银泉大道以西约3km的河道已经进行了渠化，布置于青龙路道路中间绿化带内，呈约宽6m、深5m的混凝土矩形槽；银泉大道以东至书台街长约1.5km，经过环卫小区和湖北金力厂区，以暗渠为主；书台街以东至甘鲁村段长约1.8km，河道从开发区合加环境设备有限公司、开发区孵化园等厂区穿过，以明渠为主。浮山河以三面光的断面形式为主，河道自净能力较差，见图4.6。

编号	面积/hm²
1号	3
2号	5
3号	24
4号	3.5
5号	10
6号	5
7号	6
8号	7.5
9号	22.5
10号	7
11号	70
总计	163.5

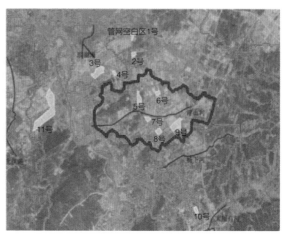

图4.5　中心城区管网空白区分布图

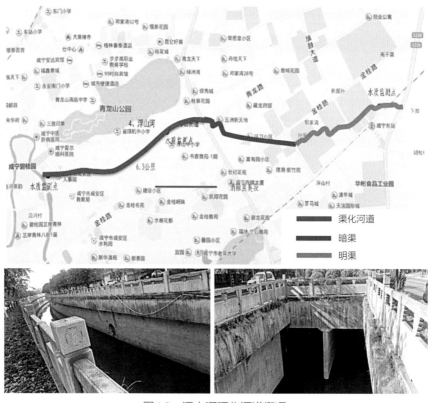

图4.6　浮山河硬化河道概况

另外，下游河道变深，流速较缓，甚至形成死水，导致水体自净能力进一步降低。

4.3

第一阶段治理

4.3.1 淦河水环境治理

流经咸宁城区的淦河全长76.6km，经斧头湖汇入长江，是咸宁的"母亲河"。2018年国家长江经济带生态环境警示片披露，咸宁城区每天1.1万t生活污水直排淦河。咸宁市第一阶段城市黑臭水体治理依托淦河流域环境综合整治工程EPC项目。[1] 2018年2月，咸宁市正式签署《咸宁大洲湖生态建设示范区PPP项目合同》和《淦河流域环境综合治理工程EPC总承包合同》，启动淦河流域环境综合整治工程EPC项目，涉及生态环境整治、防洪排涝、黑臭水体整治三大类60余个子项目。[2] 截至2020年3月，咸宁市淦河流域环境综合治理工程EPC总承包项目，完成了城区段5条黑臭水体整治，实施了淦河大桥、龙潭新桥、星光公园、镜湖公园等景观亮化工程，开展了金桂路小游园、茶花路小游园等公园建设，实施了月亮湾、沿河路片区环境综合整治等工程，以及咸宁大道排水箱涵改造等解决城市内涝问题的重点工程，黑臭水体治理方案概述见下章节。

4.3.2 滨湖港黑臭整治方案

根据《关于咸宁市淦河流域环境综合治理工程（黑臭水体治理工程）初步设计的批复》（咸发改审批〔2019〕24号）[3]，滨湖港黑臭水体治理工程起点为兴建街东侧，终点为咸安大道和073乡道交汇处的永安污水处理厂，全长约1800m。根据《咸宁市滨湖港黑臭水体整治规划方案》，现状滨湖港雨污合流，由于上游渠道已全部被覆盖，大量新建建筑物直接修建于暗渠正上方，实现雨污分流已不现实。为避免污水产

---

[1] http://xianning.cjyun.org/p/117597.html.

[2] https://baijiahao.baidu.com/s?id=1661924991570321295&wfr=spider&for=pc.

[3] http://www.xianning.gov.cn/xxgk/xxgkml/zdxmjs/xmsp/201907/t20190705_1780615.shtml.

生的臭味影响周边居民正常生活，滨湖港务小商品城至武广高速铁路段河道新建箱涵输送合流污水，在箱涵末端设置溢流堰，污水通过侧面的排污管道排出，经提升泵站加压提升至永安污水处理厂；雨季的超量合流污水直接通过箱涵下游海漫段排入下游河道。滨湖港雨季的超量合流污水直接经溢流堰排入下游河道，为改善河段水生态环境、促进有机污染物的降解，在箱涵下游1km河段范围内修建生态护坡工程。滨湖港清淤范围包括现状已建箱涵以及天然河道（箱涵末端至武广高铁下游1km），清淤量约1.46万m³，淤泥需无害化和固化处理后外运，方案示意图见图4.7，具体方案如下：

（1）截污纳管

新建截污管道约1400m，提升泵站1座。渠道全线封闭，避免污水产生的臭味影响周边居民正常生活。在武广高铁桥附近设置提升泵站，规模1.5万m³/天，污水通过加压后，沿武广高铁、三元路、107国道埋设压力污水管，最终接入永安污水处理厂。

（2）内源治理

清理沿线垃圾、生物残体和漂浮物，清理面积约9万m²，清理污泥、疏浚河道长度约1800m。

图4.7　滨湖港整治方案示意图

4.3.3 浮山河黑臭整治方案

根据《关于咸宁市淦河流域环境综合治理工程（黑臭水体治理工程）初步设计的批复》（咸发改审批〔2019〕24号）❶，浮山河黑臭水体治理工程包括浮山河河道清淤工程及污水管网工程。其中河道清淤工程范围为浮山河与银桂路交汇处至浮山河淦河入河口，清淤河段长3.2km；污水管网工程分南、北两条管线，起点为长安大道以东，终点为淦河右岸现状污水管涵。由于河道位于青龙路中间绿化带内，且已进行渠化，河道整治工程实施难度较大，浮山河河道工程仅实施河道清淤工程。浮山河清淤范围为浮山河与银桂路交汇处至浮山河淦河入河口，淤泥厚度为0.4～0.5m，清淤量约1.14万m³，浮山河淤泥需经无害化和固化处理后外运，方案示意图见图4.8，采用的治理措施如下：

（1）截污纳管。规划新建截污纳管约1200m。

（2）内源治理。对淦河至银泉大道段河道进行内源治理，其中清理垃圾、生物残体和漂浮物约140m³；清理淤泥、疏浚河道约2800m。

（3）面源控制。多部门联动，共同治理。

（4）生态修复。河道大部分已进行拓宽整治并硬化成排水明渠，下游400m受周边建筑物影响，暂时无法施工，远期有条件再进行生态修复。

图4.8 浮山河整治方案

---

❶ http://www.xianning.gov.cn/xxgk/xxgkml/zdxmjs/xmsp/201907/t20190705_1780615.shtml.

4.3.4 项目策划与实施

项目实施依托于淦河EPC项目和国家首批"城市黑臭水体治理示范城市"。2018年1月咸宁市启动淦河流域环境综合整治工程，2019年4月《关于咸宁市淦河流域环境综合治理工程（黑臭水体治理工程）初步设计的批复》（咸发改审批〔2019〕24号），标志着淦河水环境EPC项目进入了施工阶段。淦河水环境EPC项目，水体整治项目6类，共23项，包含流域综合治理工程、污水治理工程、垃圾收集处理工程、面源清理工程、海绵城市建设工程以及监控平台建设工程。

2018年9月，财政部、住房城乡建设部、生态环境部发布《关于组织申报2018年城市黑臭水体治理示范城市的通知》（财办建〔2018〕172号），启动2018年城市黑臭水体治理示范城市申报工作。咸宁市积极响应，依托于淦河水环境EPC项目，编制了城市黑臭水体整治实施方案，并成功地通过全国的竞争性评审，成为我国首批20个黑臭水体治理示范城市之一，获中央补助6亿元，用于淦河流域中心城区5条黑臭水体的治理。

截至2020年底，23个项目中已完工或基本完工项目8个，正在施工项目10个，正在进行前期工作项目5个。主要工程见表4.10。

建设工程统计表

表4.10

序号	项目名称	主要建设内容及规模
一、已完工项目（共8个）		
1	咸宁市温泉污水处理厂一期提标升级改造和二期新建工程	温泉污水处理厂总设计规模由3万m³/d扩大至6万m³/d，将出水水质由一级B标准提升至一级排放A标准。该项目拟降低一期工程生物处理构筑物处理负荷，其中，生物处理部分运行规模降为2.7万m³/d，二沉池负荷降低至2.7万m³/d，其余构筑物处理负荷不变，二期工程生物处理部分扩建规模为3.3万m³/d
2	永安污水处理厂提标升级改造工程	该污水处理厂已建成6万m³/d规模，通过实施提标升级改造工程，将出水水质由一级B标准提升至一级排放A标准
3	咸宁市城区环卫作业PPP项目	运营企业为咸宁市区公共区域提供清扫、清洗、保洁、洒水降尘及垃圾收集、转运环卫作业服务，并提供相关环卫设备设施的购置、维护、运行、维修等业务。特许经营期20年。服务付费5080万元/年
4	东外环海绵城市项目（海绵城市示范工程）	海绵式绿化11.3万m²，透水铺装人行道3.48万m²
5	西外环绿化工程（海绵城市示范工程）	道路绿化和铺装人行道

序号	项目名称	主要建设内容及规模
6	南外环、太乙大道及规划七路绿化工程（海绵城市示范工程）	全长8248m，景观面积267740m²，其中绿化面积为113375m²，海绵体面积为33608m²。其中干式植草沟14013m，转输式植草沟3381m，湿式植草沟5380m，现状沟改造2250m，消能坎66m，滞留渗透池4890m²，生物滞留净化池28个，雨水花园1246m²，湿塘4968m²，湿地670m²，重要出水口33个
7	咸安区禁养区畜禽养殖清理工程	禁养区拆迁畜禽养殖场37家
8	乡镇垃圾中转站建设项目	完善马桥镇、浮山办事处、桂花镇垃圾中转站基础设施，配齐相关设备

二、在建项目（共10个）

序号	项目名称	主要建设内容及规模
		城区黑臭水体治理项目
1	淦河流域环境综合治项目（黑臭水体治理相关）	原淦河流域综合治理环境治理部分的建设内容，滨湖港、北洪港、杨下河、浮山河和大屋肖河黑臭水体综合整治，雨污分流后的城市排涝防洪工程，排污口改造，污水收集管网，其流域内淦河河岸绿化及积水点整治工程等
	杨下河黑臭水体整治工程（延伸段）	新建截污纳管、施工便道、生态湿地、清淤、生态修复、沿岸垃圾清运和征地补偿及协调等
	北洪港黑臭水体整治工程（延伸段）	清淤、生态修复、生态湿地、沿岸垃圾清运和征地补偿及协调等
	滨湖港黑臭水体整治工程（延伸段）	新建截污纳管、施工便道、生态湿地、清淤、路面破除修复、生态修复、沿岸垃圾清运和征地补偿及协调等
	巨宁大道雨污分流改造工程	新建截污纳管和水泥路面破除修复等
	双峰路片区雨污分流改造工程	新建截污纳管和水泥路面破除修复等
	其他	其他黑臭水体治理和管网建设等相关内容，后续再报请市政府审定后再实施
2	横沟河黑臭水体综合整治工程（滨湖港支流）	对咸宁高新技术产业园区横沟河进行综合整治，项目建设内容包括：横沟河城区段河岸线生态环境修复和综合整治，含清淤、绿化、垃圾打捞收集转运、水生态修复、湿地、休闲步道建设等
3	高新区三期污水处理厂	新建高新区三期污水处理厂1座，建设规划总规模15万m³/d，分三期实施，每期规模5万m³/d，本次建设一期工程5万m³/d处理能力
		污水处理厂配套管网建设
4	咸宁市咸安区乡镇污水处理工程（黑臭水体流域内）	新建向阳湖镇（含奶牛场）（600m³/d）污水处理厂、新建桂花镇（30.6km）、马桥镇（32.9km）、浮山办事处（39.771）配套管网

序号	项目名称	主要建设内容及规模
5	咸安区咸安经济开发区污水管网及处理厂工程（北洪港流域）	咸安经济开发区污水处理厂
		污水处理厂及配套管网
6	咸安区农户无害化厕所建改及农村污水治理项目工程（黑臭水体流域内）	桂花镇、向阳湖镇、马桥镇、浮山办事处农户无害化厕所建改和乡镇建成区外农村村湾、农户污水治理
7	城区污水管网建设工程	咸安区老宝塔河雨污排水改造，沿河村四组新建排水管网等
8	咸宁市存量污泥处理工程	存量污泥清泥、污泥预处理和存量污泥基坑支护等
9	咸宁市餐厨废弃物无害化处理厂	日处理餐厨、厨余垃圾100t
10	泉都大道绿化工程（海绵城市示范工程）	全长19.3km，两侧建设控制范围为30m，建设内容包括绿化工程、文化主题小游园等

4.3.5 存在的主要问题

4.3.5.1 部分河段水质恶化

通过第一阶段的黑臭水体整治，已经基本消除黑臭现象的河流（段）有北洪港上游、大屋肖河上游以及大屋肖河马桥河。浮山河、杨下河和滨湖港3条河整条河段仍存在黑臭问题，北洪港（中游和下游）和大屋肖河（中游和下游）部分河段也仍存在黑臭问题（表4.11）。

2019年10月与2018年10月监测数据对比表　　　表4.11

河流	河段	是否黑臭	2019年10月与2018年10月水质比较	主要影响指标
浮山河	上游	轻度黑臭	缺2018年	透明度
	中游	轻度黑臭	差于2018年	透明度、氨氮、氧化还原电位
	下游	轻度黑臭	差于2018年	氨氮（2018年重度黑臭，1次）、氧化还原电位
北洪港	上游	不黑臭	优于2018年	—
	中游	轻度黑臭	优于2018年	透明度（2019年重度黑臭，1次）
	下游	轻度黑臭	优于2018年	透明度（2019年重度黑臭，1次）

河流	河段	是否黑臭	2019年10月与2018年10月水质比较	主要影响指标
杨下河	中游1	轻度黑臭	差于2018年	透明度、氧化还原电位
	中游2	轻度黑臭	优于2018年	透明度（2019年重度黑臭，3次）、氧化还原电位
	下游	轻度黑臭	优于2018年	透明度（2019年重度黑臭，1次）、氧化还原电位
大屋肖河	上游	不黑臭	优于2018年	—
	中游	轻度黑臭	差于2018年	透明度
	下游	轻度黑臭	差于2018年	透明度
	马桥河	不黑臭	优于2018年	—
滨湖港	上游	轻度黑臭	缺2019年	氨氮（2018年重度黑臭，4次）、溶解氧、透明度、氧化还原电位（2018年重度黑臭，2次）
	上支游	轻度黑臭	缺2018年	氨氮、透明度（2019年重度黑臭，各1次）
	中游	重度黑臭	差于2018年	氨氮（2019年重度黑臭，3次）、溶解氧、透明度、氧化还原电位（2019年重度黑臭，4次）
	下游	轻度黑臭	差于2018年	透明度（2019年重度黑臭，1次）、氧化还原电位
	东支游	轻度黑臭	缺2018年	透明度（2019年重度黑臭，1次）

对比2019年10月与2018年10月水质监测数据，浮山河、滨湖港水质整体出现了下滑，这两条河黑臭水体水质呈恶化趋势。

4.3.5.2　现状调查有待深入

（1）部分旱流污水排口没有纳入整治方案

根据公开资料[1]，在编制淦河流域环境综合整治治理工程方案时，在淦河城区段和5条支流排查了140个排污口。事实上，2019年调查表明，仅5条黑臭水体就有将近300个排口，而且有大量的旱流污水排水口没有纳入整治方案。

（2）现状管网竖向摸查不清，截污干管标高较高，支管难以接入

以浮山河为例，新建截污干管沿岸有多个排口不能顺畅接入，导致要么勉强接入，但上游管网水位抬高，过流能力下降，流速降低，管道内淤泥沉积，进一步增加溢流污染风险；或者上游污水管网不能接入，截污干管建设失效（表4.12、图4.9）。

---

[1] https://hb.cri.cn/n/20200525/59df410c-3d95-3fcd-c98f-b9b73a6dd3d9.html.

截污干管、河道水位及排口标高统计表（单位：m） 表4.12

排口标号	排水口断面尺寸	排水口材质	管底高程	枯水位	截污管标高	高差
59号排口	d1000	水泥	27.06	27.06	28.6	−1.04
60号排口	2000×2000	混合沟	28	27.3	27.2	0.8
97号排口	d500	水泥	37.168	34.068	37.295	−0.127
99号排口	d1000	水泥	35.108	34.308	37.768	−2.66
100号排口	d800	水泥	35.141	34.341	35.69	−0.549
101号排口	d400	水泥	37.593	34.343	37.768	−0.175
104号排口	1000×1200	水泥	39.903	37.403	38.146	1.757

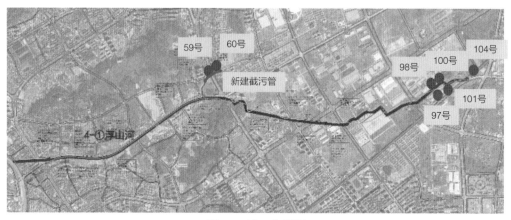

图4.9 排口位置图

4.3.5.3 部分方案科学性不足

（1）河道加盖

滨湖港汇水分区内为合流制排水体制，两岸雨水、污水都排入河道，滨湖港城区段为箱涵，下游为敞开河道。在治理方案中通过河道加盖、在河道内建设溢流堰、建设截污干管等方式治理黑臭水体，事实上没有消除合流制污水直排入滨湖港的问题，黑臭水体的根源问题没有解决，这种方案导致工程实施不能消除黑臭水体，甚至恶化了滨湖港的污染问题。

（2）排口处置有待优化

排口的改造应该以排口水质、水量为依据，结合具体管网特征，分别提出改造方案。属于分流制排水系统的，应综合水量、水质、分别进行混错接的改造、溯源改造，属于合流制的排口，重点在于截污纳管和控制溢流污染。第一阶段总共改造排口104个，封堵排口12个，其中部分封堵排口管径达到1m，这种大口径管径为雨水管的可能性较大；另外在管口的改造与封堵过程中，没有考虑水量、水质的关系，导致大量的雨水、山水进入污水处理厂。

4.4
第二阶段整治方案

4.4.1　第二阶段治理特点

2019年浮山河、滨湖港黑臭水体水质甚至劣于2018年水质，为此，咸宁市于2019年聘请中国城市规划设计研究院为技术咨询单位，开展了《咸宁市城区黑臭水体治理系统性优化建设项目地下管线测量、地形测量及地质勘察》，并依托技术咨询单位，编制了《咸宁市黑臭水体综合治理系统化方案优化》。依据该方案，咸宁市组织编制了《咸宁市黑臭水体综合治理优化工程方案》、市发改委以《市发改委关于调整咸宁市城区黑臭水体治理系统性优化建设项目可行性研究报告的批复》（咸发改审批〔2020〕300号）批复优化调整报告，并编制了《咸宁市城区黑臭水体治理系统性优化建设项目初步设计》《咸宁大道东片区雨污分流改造工程（雨污管线专项详查及可研编制）可行性研究报告》，以此共同构成了第二阶段黑臭水体治理项目的主要内容。

第二阶段治理缘起于部分黑臭水体治理后的水质恶化，基础为城市内部的管网、排口的详细摸排，核心为《咸宁市黑臭水体综合治理系统化方案优化》，此文件作为第二阶段的核心技术文件。技术咨询单位依据该文件，协助推进黑臭水体治理；相关设计单位依据该文件，编制可研报告，进入市发改委决策阶段；相关市政院依据该文件，编制初步设计、施工图设计，进入项目实施阶段。本书重点介绍排口、河道、挤外水等的处理方案，其他如小区分流制改造、城中村改造、管网空白区改造、海绵城市建设不在本书介绍。

4.4.2　浮山河方案优化

4.4.2.1　排口现状摸排

2019年10月，咸宁市对浮山河范围内排口开展检测工作。通过调查，浮山河共有排口120个，除7个排口无数据以外，其余113个排口中有73个排口位于道路下，有流水的有7个；41个排口位于地块内，有流水的有2个。

120个排口中有116个排口可进行统计分析，其中无出水排口64个，占比55%；有出水排口52个，占比45%，其中有大量流水排口5个，截留封堵后有排水的排口9个，渗水排口高达38个，见图4.10。

结合出水水质检验情况，确定有出水的52个排口中，有8个排口出水主要以地下水为主，1个排口出水主要为黄色泥巴水，其他排口出水主要以生活污废水为主（图4.11）。

120个排口中有116个排口有管径信息，通过分析，管径为DN300～DN500的排口数量最多，合计数量58个，占比达50%；管径为DN500～DN800和DN1000～DN1200的排口分别为24个和26个，分别占比20%和22%；箱涵类排口共有7个，断面尺寸为1000mm×1200mm和2000mm×2000mm（图4.12）。

4.4.2.2 排口整治分类

为了有效协调前期已做工程与待做工程，避免重复施工的同时对亟须整治的排口进行精准截污，通过对排口的实地踏勘以及排口基础信息测量、水质检测等工作，以水质检测数据为核心，进行定性及定量的分析，制定分类处理标准。以化学需氧量（COD）、氨氮（NH₃–N）为水质参考指标，将排口分为截污排口（COD>60mg/L

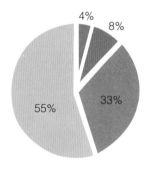

■大量流水　■截留封堵　■有渗水　■无出水
图4.10　排口类型结构图（按出水情况分）

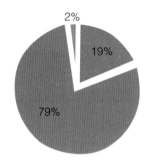

■地下水为主　■生活污废水　■黄泥巴水
图4.11　排口类型结构图（按出水水质分）

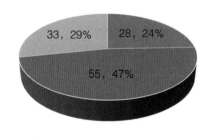

■≤D400　■D500-D1000　■≥D1000
图4.12　排口类型结构图（按管径分）

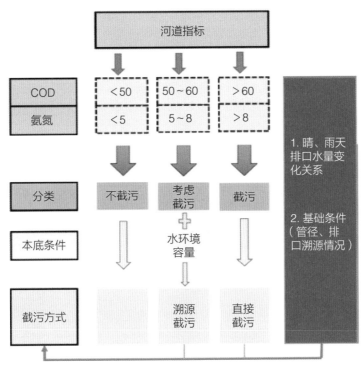

图4.13 排口分类技术路线图

或NH₃-N>8mg/L的出水排口）、溯源截污排口（COD50～60mg/L，同时NH₃-N5～8mg/L的出水排口）、不截污排口（COD<50mg/L或NH₃-N<5mg/L的出水排口）。其分类见图4.13。

截污方式方面，充分考虑晴、雨天排口水量变化情况以及排口管径、高程等基础信息，采取直接截污（接入沿河截污干管）或溯源截污（溯源至管道混错接点处进行适当改造）两种方式。部分溯源排口见表4.13。

浮山河需溯源排口现状 表4.13

排口名称	水质/（mg/L）		水量/（L/S）	照片
	氨氮	总氮		
42号排口	5.76	9.46	2.5	

排口名称	水质/（mg/L）		水量/（L/S）	照片
	氨氮	总氮		
73号排口	6.28	15.9	2.8	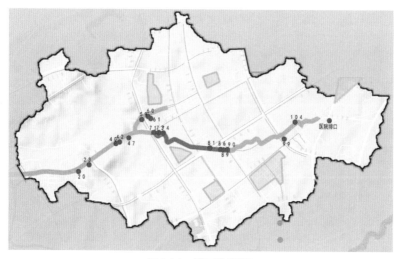
86号排口	5.42	12.6	4.0	

4.4.2.3　排口改造方案

（1）截污

对浮山河沿线实测的3处排口进行截流（共计17处，其中14处纳入《浮山新村、旗鼓村、双泉村雨污分流改造工程》实施），新增污水管或截污管。3处实测的排口包括雅士林荣府排口、73号排口及医院排口，具体见图4.14。

图4.14　排口位置图

（2）去除不合理排口封堵

浮山河一期治理截留封堵的排口8个，其中有3个排口管径大于DN1000，见表4.14。由于管径大于DN1000的排口大多承担着雨天排水的功能，根据汛期调研，雨天管网排水不畅，引起上游小区内涝、检查井冒水等问题。对前期已整治的3个管径较大的雨水排口进行溯源，改正错接的污水管道，打开被封堵的雨水口，降低雨季内涝风险。

浮山河不合理封堵排口现状　　　　　　　　　　表4.14

排口名称	管径	照片
78-2排口	DN1100	
105排口	DN500 ~ DN1600	
107-2排口	DN1000	

4.4.2.4　排口溯源改造方案

（1）问题及成因分析

浮山河支流米德尔酒店附近河水观察到有黑色底泥翻出物和絮状物随水流移动（图4.15、图4.16）。根据管网溯源结果，该排口上游是一根DN800污水管和一根DN500污水管接入污水井，并通过一根DN500的HDPE污水管接入下游截污管网，另一根污水溢流管接入雨水井，通过混凝土DN2000雨水管进入浮山河支流（图4.17）。自米德尔酒店处至支流汇入浮山河处，沿支流DN500的HDPE污水管目前处于满管运行状态。

银泉大道DN800污水管及泉源巷DN500污水管接入桂家巷污水管，桂家巷DN500污水管承接来自银泉大道及泉源巷管道污水，存在大管接小管问题；下游接入青龙路北侧污水管，青龙路北侧DN500~DN600污水管承接上游来水，管径较小导致流水不畅，下游接入青龙路南侧DN1000污水管，管网路由见图4.18。

图4.15　排口附近水质

图4.16　支流汇入浮山河干流后的水质

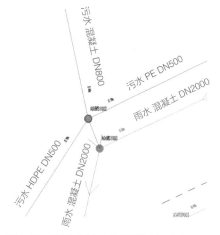

图4.17　污水直排口管网属性调查图

图4.18　污水直排口与管网关系图

自米德尔酒店检查井起至浮山河北侧截污管DN800截污管起始位置，长度约1.4km，排水管存在8处倒坡管段，浮山河支流米德尔酒店河道直排口位于A06WS1002，汇入浮山河截污管位置为A06WS87，自该位置起出现第2个倒坡（图4.19）。

根据青龙路污水管网检测结果，评估的98段污水管道中存在缺陷288处，其中结构性缺陷113处，功能性缺陷175处。缺陷包括错口、腐蚀、破裂、起伏、树根穿入、接口材料脱落等多种类型（图4.20），导致污水管过流能力较弱。

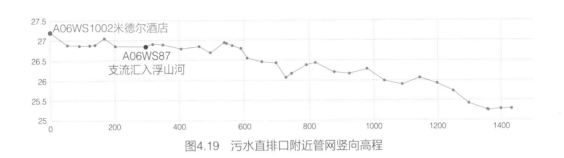

图4.19　污水直排口附近管网竖向高程

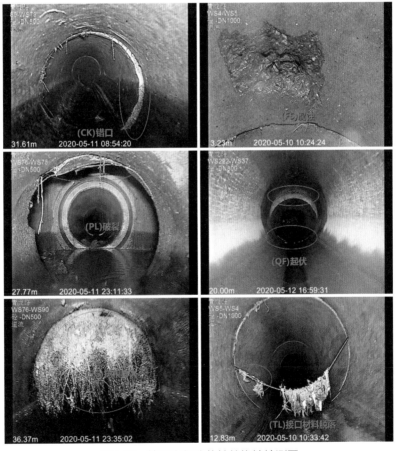

图4.20　管网内部功能性结构性检测图

邻近管网分析显示：截污管北岸管底高于南岸管底，两岸污水检查井A06WS87与A06WS135之间，管底标高相差0.718m，存在接入条件。北岸污水管管径不足，污水检查井A06WS87和A06WS85两侧为DN500混凝土管，管内运行状态为满管运行，难以满足污水排放需求。南岸污水管容纳余量不足，污水检查井A06WS135两侧为DN1000混凝土管，管内长期处于高水位运行，接近满管，难以满足北岸污水接入需求，临近关系见图4.21。

（2）规划方案

①流量复核。现状人口约4万，按人均300L/（人·d），排放系数取0.9，故产生污水量约1.4万m³/d，考虑外水入渗量按30%计算。

②污水量预测。根据污水管服务范围，确定污水管网服务分区（图4.22），现状污水分区面积4.4km²，综合容积率按2计算，合计人口8.8万，按人均300L/（人·d），排放系数取0.9，日产生污水量2.6万m³/d，结合咸宁实际情况外水入渗量按30%计算。

③污水管网方案

方案1——现有管网清淤疏浚

现状管网清淤疏浚，现状管网功能性、结构性缺陷改造，现状管网倒坡改造。

现状管道过流能力：管径0.5m，过流能力约0.7万m³/d。无法满足现状及远期预测排水需求。

方案2——接入南侧管道，暂时消除污水直排

桂家巷路新建DN1000污水管，污水管采用倒虹吸接入青龙路南侧DN1000污水管，见图4.23。

北侧管底标高26.83m，水面标高27.33m，南侧管底标高26.18m，水面标高27.10m，但存在污水管网满管运行、污水溢流的风险。

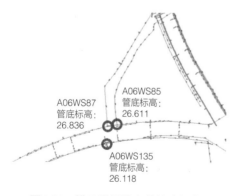

图4.21 排口附近检查井管底标高图

图4.22 污水管服务区域图

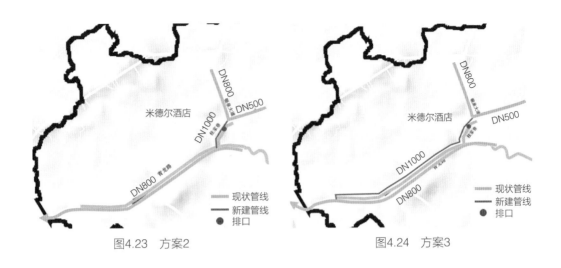

图4.23 方案2 　　　　　　　　　　　　　图4.24 方案3

方案3——规划新建污水管网

新建北侧污水管网，污水管径为1m，见图4.24。

（3）方案比选

综合考虑近期问题及远期需求，建议选取方案3，系统解决排口及该区域排水问题，方案比选见表4.15。

方案比选表　　　　　　　　　　　　　　表4.15

项目	方案1	方案2	方案3
工程量	现状管网清淤疏浚长、结构及功能性缺陷改造，倒坡改造	2根穿河倒虹吸管100m，300mDN1000的污水管	2.6kmDN1000的污水管网
施工方案		跨河顶管施工	破路面开挖回填
工程费用		约300万元	约1000万元
优势		暂时能够消除直排问题	能消除该部分的溢流问题，为远期排水需求预留弹性
缺点	无法解决排口问题，无法满足排水需求	由于南侧管网接近满负荷运行，存在重新溢流风险	开挖面积大，工程造价较高

4.4.2.5　河道治理方案

现状浮山河渠道化，根据河道高程图（图4.25），河道下游长安大道交叉口东侧

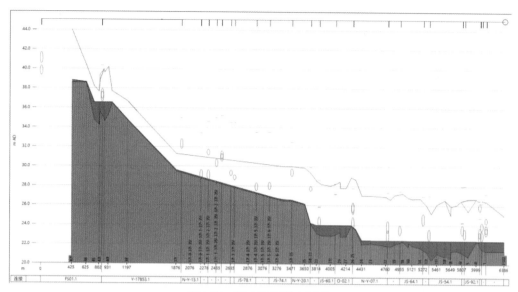

图4.25　浮山河河道高程图

存在河床凹点，上游流速较下游大，导致上游携带的淤泥在该处沉积。

该处长度约70m，水深约0.8m，现状为未硬化河床，阳光无法直射河底，导致光合作用不足，河水含氧量下降；同时水深较深，导致大气氧难以渗透，易形成水体黑臭。针对该情况，本方案采取河底抛石回填的措施提升河床底标高，改善河道水动力条件，加速水的流动。

（1）改造原则

保持旱季常水位河道水深0.25～0.35m。河底高程提高至22.14m（边界条件：上游来水0.2m³/s，下游常水位22.38m）。

（2）填方措施

利用土方、格栅石笼等进行河底填方，结合植草砖层、种植土层控制提升高度。

①河底填方。利用块石进行河底填方，消除凹点，避免底泥在该处沉积，块石最大直径约0.3m，避免雨期冲刷流动，同时在中间空隙补充粒径0.1m的小块石，控制旱季常水位约0.3m，填方高度约0.5m，总长度70m，河宽6m。因河道有汛期防山洪的功能，暂不采取种植水生植物等措施。

②底泥清疏。受汛期淹河水位的影响，汛期浮山河下游水深逐渐增大，水流速逐步降低，悬浮物、淤泥在下游逐渐沉积，从而导致末端存在返黑返臭的现象，故建议同步完善浮山河下游（银泉大道以西）段渠道清淤。根据测量资料，河床底部淤泥深度约0.1m，河床宽约6m，明渠段总长约2.7km，清淤量约1620m³。

4.4.3　滨湖港方案优化

4.4.3.1　滨湖港已实施工程及现状

滨湖港上游为城中村，管网错综复杂；中下游为箱涵段，两侧生活污水大部分直排入河；下游为自然河道，中上游的雨污混流污水进入河道，导致滨湖港中、下游河段水体黑臭。

滨湖港上游起于咸宁火车站以北约500m处，向北延伸至武广高速铁路桥，全长约7.6km，淦河EPC项目在上游居民区新建120m扩容暗涵3000mm×2500mm与现状箱涵合并成一暗涵，收集居民生活污水后汇集穿过107国道，后排入新建265m尺寸6000mm×2500mm暗涵至京广高铁下，由标高20.94m溢流堰末端截污，后通过高铁南侧向西敷设DN600污水截流管，与三元路污水沟汇合后，由新建1.5万m³/d的滨湖港污水提升泵站通过新建1155m DN400压力管道将旱流污水全部提升接入永安污水处理厂（图4.26、图4.27）。

由于现状滨湖港流域实际排水体制为雨污合流制（采用末端截污系统），因此滨湖港旱季为污水收集通道，雨季为雨污混合水排放通道。晴天时的污水收集入永安污水处理厂内，雨天时合流污水越过标高为20.94m的溢流堰，大量雨水污水进入下游河道。

4.4.3.2　优化方案

（1）优化方案1——雨污分流

对中上游面积3～4km²的建成区进行排口摸排，根据排查结果进行截污或新增雨污分流管。

该方案能从源头解决雨污错接导致的污水下河，考虑管网摸查暂未完成，暂无法根据结果进行总体设计，时间受限，且排口均暂暗涵内，施工及摸排均较困难，暂不推荐。

图4.26　滨河港原治理工程示意图

图4.27　滨湖港原治理工程走向图

（2）优化方案2——末端处理

在箱涵出口处建设地下调蓄池一座，容积约8000m³，并配套建设强化处理设备或新增湿地（约7000m³）一处。该方案能减少初期雨水对河道环境的影响，改善天然水体循环，缓解河道对水力和污染负荷的冲击，但考虑调蓄池占地面积较大、造价高，且用地协调困难，新增的配套强化设施后期管理维护不便，暂不作为推荐方案。

（3）综合方案及重大设施选址

结合海绵城市理念，对集水范围内的小区、城中村进行雨污分流改造（市第一人民医院、五金机电大市场）；同步建设滨湖港箱涵末端生态湿地，即在箱涵出口处建设垃圾拦截及沉沙沉泥池，配套提升设施，同时配套建设生态滤池一处，面积约3000m²。

该方案在片区未完全完成雨污分流期间，对入河的垃圾进行拦截，对初期降雨冲刷地面携带的泥沙进行沉淀，末端的生态滤池过滤功能应对降雨初期3~5mm初雨污染，能对降雨前期的高浓度合流污水进行处理，因此作为本工程推荐方案。该方案相关设施需布置在滨湖港暗涵末端，涉及征地事宜，同时需在河道设置拦截闸门，须征得水利相关部门认可。

该方案为优先解决黑臭问题，在箱涵出口处建设生态湿地，削减合流制箱涵溢流污染；同时采取排口截污等措施，截留河道两侧生活污水；箱涵内部采取清淤疏浚等措施，清理淤积污染；源头城中村开展管网详查工作，并根据详查成果补齐管网空白，推动雨污分流改造，示意图见图4.28，具体措施如下：

①雨污分流。根据滨湖港排口入河情况，结合海绵城市建设理念，对集水范围内的小区、城中村进行雨污分流改造。打造小区、企事业单位雨污分流改造及海绵城市示范工程；完成咸宁市第一医院约6.7hm²雨污分流改造与海绵城市示范工程，及五金机电大市场约9.6hm²雨污分流改造。

②生态滤池。箱涵出口处建设垃圾过滤以及调蓄设施，规模约6000m³。配套建设过滤湿地一处，面积约3000m²。溢流污染控制设施布置在铁路北侧50m范围外，不影响铁路运行安全，见图4.29、图4.30。

③生态修复示范段延伸。延长生态修复示范段，满足黑臭水体验收要求。

图4.28　优化方案示意图

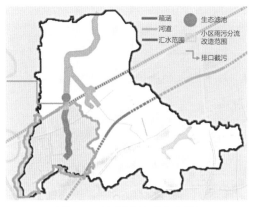

图4.29 滨湖港治理方案图

图4.30 滨湖港生态湿地效果图

④活水保质。利用污水处理厂尾水补充河道生态基流外调水量50000m³/d，新建600mm再生水管道约1.8km。

4.5

挤外水方案

4.5.1 污水处理厂进水现状

温泉污水处理厂2017—2019年实际平均日处理COD浓度分别为148mg/L、152.3mg/L、172.3mg/L，分别为设计进水浓度的56.92%、58.58%、66.27%；2017—2019年平均日处理NH₃-N浓度为分别为11.42mg/L、11.27mg/L、11.70mg/L，分别为设计进水浓度的45.68%、45.08%、46.80%。2019年来温泉污水处理厂的实际污水进水水质浓度见表4.16。

2019年温泉污水处理厂进水水质月均质表　　　　表4.16

月份	CODcr/（mg/L）	NH_3-N/（mg/L）	SS/（mg/L）	TP/（mg/L）	pH	水温/℃
1	148.87	36.40	154.74	1.02	7.55	8.79
2	132.60	42.43	139.18	0.98	7.62	8.25
3	181.68	65.23	163.45	1.02	7.54	13.37
4	209.53	60.25	179.00	1.07	7.47	18.33
5	238.33	55.85	205.55	1.07	7.52	21.31

月份	CODcr/（mg/L）	NH₃-N/（mg/L）	SS/（mg/L）	TP/（mg/L）	pH	水温/℃
6	198.38	53.82	197.70	0.95	7.68	25.25
7	137.29	46.22	134.81	0.97	7.64	26.97
8	129.79	51.40	135.94	1.11	7.55	28.61
9	148.38	49.85	144.77	1.26	7.62	25.70
10	166.74	54.44	167.90	1.14	7.77	21.10

根据污水处理厂进水浓度判断，城市污水系统应该有较大比例的山水、河水混入污水系统，山水、河水相对污水统称为外水，外水进入污水系统，一方面降低污水处理厂进水浓度，导致无法达到污水处理厂设计状态；另一方面，挤占污水收集处理空间，导致污水进入河道，污染外部环境。因此当排口处理后，为使城市水环境稳定达标，最重要的工作就是进行污水提质增效，而在南方，大部分城市污水提质增效的核心在于挤外水。

4.5.2 外水量估算

4.5.2.1 根据用水量估算外水量——中心城区

根据污水处理厂的用水量、产污系数、处理率推算理论污水量，通过实际的污水总量以及理论污水量估算进入污水系统的外水量。经计算2017年、2018年、2019年年外水量分别为499.80万m³、517.20万m³、1084.90万m³，日外水量分别为1.30万m³/d、1.40万m³/d、3.60万m³/d，2018年咸宁市污水处理厂外水量推算见表4.17。

2018年咸宁市城市污水处理厂外水量推算   表4.17

月份	用水量/万m³	产污系数	处理率/%	理论污水量/万m³	污水总量/万m³	月外水量/万m³	日外水量/（万m³/d）
1	257.2	0.85	0.85	185.8	213.3	27.5	0.9
2	200.4	0.85	0.85	144.8	197.2	52.4	1.7
3	265.1	0.85	0.85	191.5	241.8	50.2	1.7
4	237.5	0.85	0.85	171.6	232.9	61.3	2.0
5	267.6	0.85	0.85	193.3	270.1	76.8	2.6
6	284.7	0.85	0.85	205.7	232.4	26.7	0.9
7	299.0	0.85	0.85	216.0	236.5	20.5	0.7

月份	用水量/万m³	产污系数	处理率/%	理论污水量/万m³	污水总量/万m³	月外水量/万m³	日外水量/（万m³/d）
8	306.0	0.85	0.85	221.1	227.1	6.0	0.2
9	334.8	0.85	0.85	241.9	242.0	0.1	0.003
10	327.4	0.85	0.85	236.5	296.2	59.7	2.0
11	319.0	0.85	0.85	230.5	284.4	53.9	1.8
12	308.4	0.85	0.85	222.8	304.9	82.1	2.7

4.5.2.2 根据进水浓度估算外水量——温泉污水处理厂

通过温泉污水处理厂每月的实际进水COD和NH_3-N浓度与设计COD和NH_3-N浓度比值计算COD和NH_3-N的净污比值，利用每月的污水量、COD和NH_3-N的净污比估算进入温泉污水系统外水量。经计算，2017年、2018年、2019年根据COD净污比计算得到的温泉污水处理厂的外水量分别为1.14万m³/d、1.57万m³/d、2.13万m³/d，根据NH_3-N净污比计算得到永安污水处理厂的外水量分别为1.87万m³/d、2.09万m³/d、2.86万m³/d，2018年咸宁温泉污水处理厂外水量推算见表4.18。

2018年温泉污水处理厂外水量推算　　　　　表4.18

月份	污水量/万m³	COD比值	氨氮比值	根据COD净污比计算的外水量/（万m³/d）	根据NH_3-N净污比计算的外水量/（万m³/d）
1	88.66	1.84	2.01	1.35	1.48
2	84.39	1.97	2.15	1.39	1.50
3	93.86	1.54	2.08	1.10	1.62
4	91.25	1.46	2.25	0.96	1.69
5	101.56	1.95	2.33	1.65	1.93
6	91.41	1.60	2.17	1.15	1.65
7	101.35	1.83	2.36	1.53	1.95
8	98.32	1.76	2.31	1.42	1.86
9	130.76	1.85	2.15	2.00	2.33
10	186.56	1.67	2.18	2.49	3.36
11	151.22	1.98	2.36	2.49	2.90
12	148.99	1.34	2.35	1.25	2.86

4.5.3 成因调查分析

4.5.3.1 山水通道调查

温泉污水分区位于城市规划区的西南部分,整体地形为东高西低,南高北低。服务面积为2384hm²。该排水区域包含主城区的老城区,主城区内已建成大部分污水管道。

咸宁大道东片区范围的主要水系为杨下河水系,杨下河系淦河右岸一级支流,河道起源于浮山大塘下郑家,于浮山郭家湾(现城区丹桂桥附近)进入淦河,流域面积为12.84km²,由于咸宁大道东片区城市化快速发展,贺胜路至淦河段全部转为暗涵,见图4.31。

咸宁大道东片区污水系统整体排水方向为由东向西排放,南北两侧的污水汇集进入咸宁大道,最终进入下游温泉污水提升泵站,进入温泉污水处理厂,咸宁大道东片区污水管网见图4.32。

咸宁大道东片区雨水系统整体排水方向为由东向西排放,南北两侧的雨水汇集进入咸宁大道,最终进入淦河,咸宁大道东片区雨水管网见图4.33。

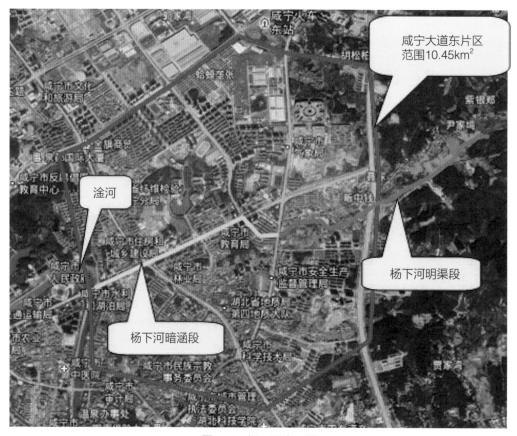

图4.31 杨下河水系图

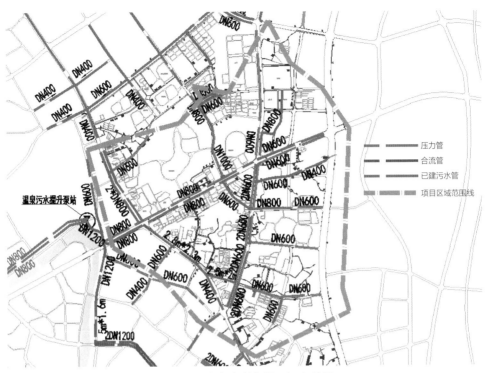

图4.32　咸宁大道东片区污水管网

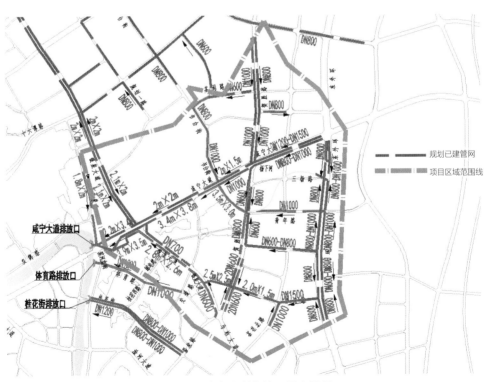

图4.33　咸宁大道东片区雨水管网

咸宁大道雨水箱涵底标高为25.3m，与沿河截污管竖向标高冲突，且截污管采用传统堰式截污，截污效率低下，大量雨水进入截污干管，同时截污堰严重影响咸宁大道箱涵雨季的排涝能力。再加上体育路、桂花路等雨水干管直接接入滨河东街截污箱涵中，导致雨季箱涵污水浓度较低，接入了大量的雨水。

4.5.3.2 水量水质调查

由于咸宁大道东部片区进入温泉污水处理厂的污水总量约为4.6万m³/d，占温泉污水处理厂一期规模6万m³/d的80%左右，因此重点对咸宁大道东部片区的污水管网水量水质进行分析。

为分析片区污水主管污染物浓度变化规律，本次从中选择市政污水管网的取样点进行分析，共计66个点，各取样点分布见图4.34。

市政排水管网水质结果见图4.35。

通过对水质分析可以总结出如下规律：

（1）上述数据显示，温泉泵站实际进水浓度为COD=68.22 mg/L、NH₃-N=12.86mg/L、

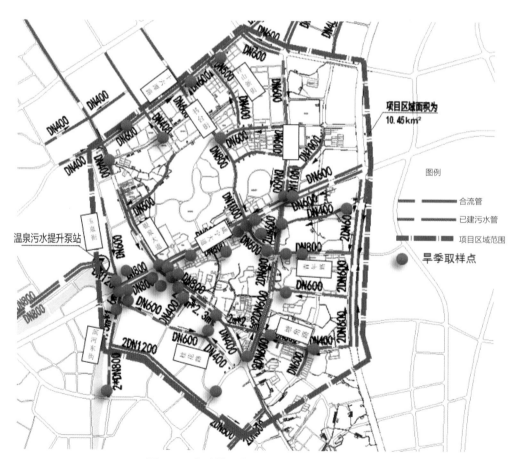

图4.34 市政管网水质水量调查布点示意图

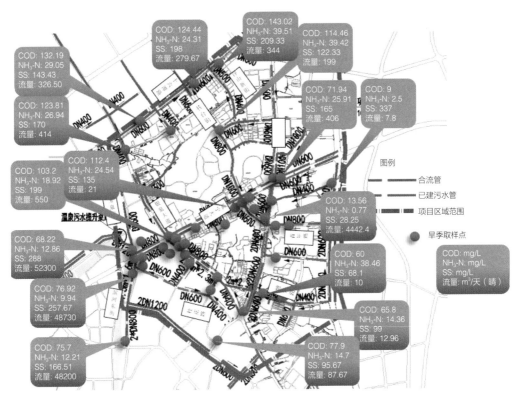

图4.35 市政排水管网水质结果分布图

SS=288mg/L，远低于水厂设计进水浓度。

（2）咸宁大道污水管在贺胜路以东污水水质指标为COD=132.8mg/L、NH₃–N=26.69 mg/L、SS=381mg/L，与雨水管涵混接后，雨水管涵内旱季污水水质浓度大概为COD=61.18mg/L、NH₃–N=13.33mg/L、SS=252.67mg/L，见图4.36。

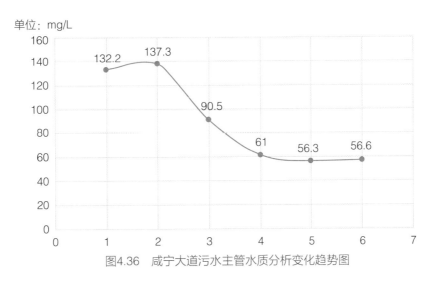

图4.36 咸宁大道污水主管水质分析变化趋势图

（3）上游银泉大道、青年路、塘角路、温泉路、体育路、茶园路、十六潭路的污水COD在110~140mg/L之间，汇入下游咸宁大道箱涵、滨河东路污水管、截污干管后，COD浓度均降至60mg/L左右。

（4）从水质指标分析可以看出，SS浓度普遍偏高，平均浓度为189.3mg/L，90%以上的浓度均在100mg/L以上，最高浓度为397mg/L。

（5）本项目研究范围内，小区内部出水COD浓度普遍较低，下阶段污水提质增效系统方案中，需进一步追溯小区出水COD浓度偏低的原因，并制定相应对策。

为分析片区地块内部出水水质情况，对85个地块内部水样进行分析，结果如图4.37所示。其中50mg/L＜COD≤100mg/L有49个，100mg/L＜COD≤150mg/L有21个，150mg/L＜COD≤200mg/L有10个，200mg/L＜COD≤250mg/L有1个，COD＞250mg/L有4个。为满足提质增效的目标，小区出水COD应大于200mg/L，达标率仅为5%。

通过雨污水管网详查，结合实地踏勘，发现温泉片区共有混接点8255个，其中，污水或合流制管道混入雨水管道2369个，雨水篦、雨水及雨水立管混入污水管道5868个，雨污水互通18处，集中在杨家庄巷和十六潭路。

4.5.3.3　变化原因分析

根据咸宁大道东片区污水浓度变化规律，结合管道检测机构提供的本片区排水管网的详查报告分析，本片区进温泉泵站污水COD浓度偏低的原因，主要存在以下几个方面：

（1）杨下河上游山水与雨水箱涵内的污水混合，对污水浓度进行了稀释。

根据水质水量调查结果，晴天杨下河入贺胜路箱涵处有4442.4t/d的清水汇入穿贺胜路箱涵，然后排入咸宁大道雨水箱涵，水质指标为COD=13.56mg/L、NH₃-N=0.77mg/L、SS=28.25mg/L，水质指标极低，汇入咸宁大道箱涵后，对混接入箱涵的污水进行了稀释，此时污水浓度较低。

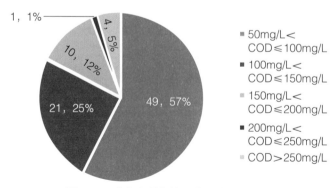

图4.37　咸宁大道东片区小区水质分析图

（2）小区出水COD浓度普遍偏低，由于小区排查未纳入本项目实施范围，需在下阶段需进一步追溯污水浓度偏低的原因，以指导后期污水提质增效工程。

（3）本次治理区域以南（纳污面积约6.59hm²）污水COD浓度依然偏低，需尽快启动淦河沿河污水干管的调查工作。

11号（井编号3WS2202）为本次治理区域以南（纳污面积约6.59hm²）截流污水汇入咸宁大道箱涵的污水井，最后通过咸宁大道以北淦河截污干管进入温泉泵站。该处水质水量调查结果表明晴天污水量为48200t/d，水质指标为COD=75.60mg/L、NH_3–N=12.21mg/L、SS=166.51mg/L，水质指标较低，对咸宁大道箱涵的污水进一步稀释，降低了进厂污水浓度。进一步推测，淦河沿河截污河水通过破损点汇入污水管道，渗漏严重，污水管网水质下降50mg/L（COD）。

（4）咸宁大道东片区市政污水管网渗漏情况不严重，总体情况较好，污水外渗和地下水入渗情况不明显。

根据管网功能病害检测报告，共发现渗漏情况共计115处，结果表明：1级渗漏101处、2级渗漏8处、3级渗漏5处、4级渗漏1处。共计涉及管道2640.52m，占管道缺陷比例的3.25%，其各部分占比见图4.38。通过CCTV（Closed Circuit Television，管道视频检测）及QV（Pipe Quick View Inspection，管道潜望镜检测）检测，2级、3级、4级渗漏处，存在地下水外渗污水管，这也是引起污水浓度偏低的原因之一，但不是主要原因。

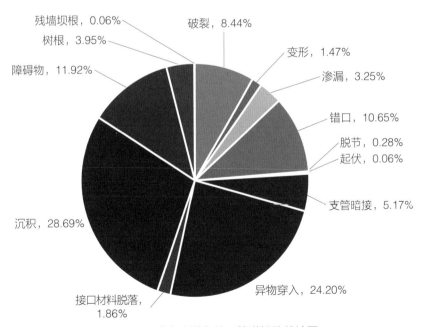

图4.38　咸宁大道东片区管道缺陷统计图

4.5.4 温泉片区挤外水方案

4.5.4.1 杨下河清污分流

杨下河清污分流的目的在于将咸宁大道箱涵两岸污水接入城市污水收集系统，为沿河截污系统改造打下基础。杨下河自贺胜路起进入箱涵，箱涵沿贺胜路进入咸宁大道，从咸宁大道进入淦河。根据排水管网详查报告，杨下河箱涵右侧污水管网较为完善，沿箱涵敷设有DN600~DN800污水干管，左侧部分污水管网缺失，污水直排箱涵。主要缺失段为书台街（贺胜路—咸宁大道段）、咸宁大道（同惠广场—马柏大道段）。

除管网缺失导致的污水直排箱涵外，混错接点，咸宁大道有23处污水接雨水箱涵的混错接点。

新建书台街（贺胜路—咸宁大道段）、咸宁大道（同惠广场—马柏大道段）的污水管网，将直排箱涵内的污水收集到市政污水管网。启动咸宁大道箱涵段23处混错接改造，部分混错接改造见表4.19。

混错接改造统计表　　　　　　　　　表4.19

序号	市政道路	问题编号	混接点井编号	混接方式	污水管道	混接改造方案
1	青年路	青年路01	2YS420	地块生活污水接入青年路雨水管道	DN400	新建DN400污水管，将污水接入青年路污水管道，长34.6m
2	贺胜路	贺胜路06	2YS162	污水主管接入雨水箱涵	DN800	新建DN800污水管，将污水就近接入贺胜路污水干管，长28m
3	咸宁大道	咸宁大道05	1YS1433	污水干管接入箱涵	DN600	新建DN600污水管，将污水就近水接入咸宁大道贺胜路以西污水干管，长130m
4	咸宁大道	咸宁大道31		污水暗管接入雨水箱涵	DN600	探挖出污水暗管，将污水接入下游污水管
5	咸宁大道	咸宁大道32	1WC1539	书台街污水主管接入雨水箱涵	DN1000	将书台街污水主管接入咸宁大道污水干管
6	咸宁大道	咸宁大道09	1YS1614	咸宁大道污水主管接入雨水箱涵	DN800	封堵1WS1515井与1YS1614连通管
7	咸宁大道	咸宁大道29	1WS1934	咸宁大道污水干管接入雨水箱涵	DN600	封堵1WS1934井与1YS1933-2连通管
8	咸宁大道	咸宁大道30	1WS1938	淦河截污干管接入雨水箱涵	DN1200	封堵现状DN1200污水干管

通过以上改造，完善箱涵两侧污水收集系统，将污水收集到污水管，箱涵内为杨下河河水，为沿河截污系统改造提供条件。

4.5.4.2 沿河截污系统改造

沿河截污系统改造的目的在于将杨下河河水、淦河的河水挤出城市污水收集系统。根据雨污管网专项详查资料，咸宁大道以南的截污干管为箱涵，管径为1.5m×1m～1.5m×1.6m，坡度为0.5‰～1.9‰。为沿河敷设，现状截污干管为雨污合流制，滨河东街雨水排口直接采取插入式的方式与箱涵连接，箱涵为砖混结构，箱涵沿淦河一侧设置多处溢流口，当雨季雨量较大时，箱涵内雨污混合水直接溢流进入河道，对淦河造成较为严重的溢流污染。咸宁大道以北为圆管，管径为1.2m，靠近温泉污水提升泵站的管道坡度为1‰，其沿河堤顶部敷设，其通过咸宁大道箱涵进行截污。

（1）沿河截污系统存在的主要问题

①咸宁大道雨水箱涵底标高为25.3m，与沿河截污管竖向标高冲突，截污管采用传统堰式截污，截污效率低下，且截污堰严重影响咸宁大道箱涵雨季的排涝能力。

②体育路、桂花路等雨水干管直接接入滨河东街截污箱涵中，导致雨季箱涵污水浓度较低，同时当雨季雨量较大时，雨污混合水直接通过箱涵西侧溢流口溢流进入河道，对淦河造成溢流污染，不利于黑臭水体治理。

③杨下河的山水和污水混合，加上桂花路以南的污水量较大，超过了现状截污管的截污能力，导致旱季污水溢流至淦河。

由调查分析可知，污水系统外水主要来源于杨下河与淦河。杨下河因原来为污水的通道，故在末端截污。通过杨下河及咸宁大道箱涵两侧截污，杨下河已经实现了清污分流，下一步主要通过滨河污水系统的改造，将截留的杨下河的河水以及淦河水挤出污水系统。

（2）挤外水方案

由于现状滨河东街的截污干管标高与咸宁大道雨水箱涵标高有所冲突，无法沿原管路接入，因此需将截污干管标高降低或改变截污管路由，本次共提出两个改造方案，方案示意图见图4.39，方案主要内容如下：

①方案1

沿淦河河岸新建一根DN1200的截污干管，坡度为4‰，长度为225.5m，其起点位于咸宁大道，终点位于咸宁市防汛抗旱指挥部旁边，其管底标高为25.5～24.589m，施工方案为围堰明挖施工，施工季节应在枯水期进行施工。管道应采用混凝土满包，并防渗处理。

②方案2

沿玉泉街东侧新建一根DN1200的截污干管，坡度为1‰，长度为435.5m，其起点

图4.39 方案1、方案2示意图

位于咸宁大道，终点位于温泉泵站，待雨污分流改造完成后将现有截污干管进行废除，本段管道施工方案为顶管施工。

对方案1、方案2进行比选，其优缺点见表4.20。从截污系统的效果考虑，方案2位于玉泉街下，没有河水倒灌进入截污干管的风险，能保障提质增效的效果，但由于缺少泵站现状相关图纸和地形资料，如泵站前池不具备改造条件，则考虑采用方案1。

方案对比表

表4.20

	方案1	方案2
优点	①工程量较少，节约造价，造价约175万元。 ②不用进行温泉泵站前池改造	①管道位于玉泉街，没有外水入渗的风险。 ②将截污管标高系统降低，可以避免与咸宁大道箱涵排口发生冲突，实现截污系统和雨水箱涵剥离
缺点	①管道位于河道中间，长期被河水淹没，外水进入风险较大。 ②在河堤处进行施工，需征得水利部门的同意，协调难度较大。 ③在河道内施工，需进行围堰，施工难度较大。 ④管道位于河床底，抗浮和防渗要求较高	①造价较高，投资较方案1大，造价约380万元。 ②进泵站管道标高降低为22.668m，降低1m，可能需要对泵站前池进行改造

4.6
示范效果

4.6.1 消除黑臭水体

2023年湖北住建公众号指出[1]：咸宁市以问题整改为契机，推动淦河流域系统治理，2022年长江经济带生态环境警示片指出，"通过系统整治，淦河5条支流全面消除黑臭，城市生活污水收集率大幅提升，淦河流域水环境明显改善"。

根据2023年第1季度黑臭水体进展报告[2]，咸宁市5条黑臭水体已经治理完工，水质指标已达到消除黑臭水体的标准。

（1）滨湖港黑臭水体整治进展情况

治理工程已完工。于2020年12月底上报全国城市黑臭水体整治监管平台，达到长制久清。2023年第1季度5号点水质均值:氨氮0.519mg/L、溶解氧6.2mg/L、透明度63cm、氧化还原电位85mV（合格标准:氨氮<8mg/L、溶解氧≥2mg/L、透明度≥25cm、氧化还原电位≥50mV）。

（2）北洪港黑臭水体整治进展情况

治理工程已完工。于2020年12月底上报全国城市黑臭水体整治监管平台，达到长制久清。2023年第1季度5号点水质均值：氨氮1.234mg/L、溶解氧5.0mg/L、透明度为透明水体、氧化还原电位72mV，达到了合格标准。

（3）浮山河黑臭水体整治进展情况

治理工程已完工。于2020年12月底上报全国城市黑臭水体整治监管平台，达到长制久清。2023年第1季度1号点水质均值：氨氮2.13mg/L、溶解氧5.3mg/L、透明度为透明水体、氧化还原电位80mV，达到了合格标准。

（4）杨下河黑臭水体整治进展情况

治理工程已完工。于2020年12月底上报全国城市黑臭水体整治监管平台，达到长制久清。2023年第1季度1号点水质均值：氨氮3.77mg/L、溶解氧3.7mg/L、透明度33cm、氧化还原电位62mV，达到了合格标准。

（5）大屋肖河（含马桥河）黑臭水体整治进展情况

治理工程已完工。于2020年12月底上报全国城市黑臭水体整治监管平台，达到长制久清。2023年第1季度1号点水质均值：氨氮0.352mg/L、溶解氧6.8mg/L、透明度

---

[1] https://mp.weixin.qq.com/s/D-9XD2qTkH7ki7FxfHbL1A.

[2] http://zjj.xianning.gov.cn/xwdt/tzgg/202304/t20230411_3033719_slhxq.shtml.

43cm、氧化还原电位84mV，达到了合格标准。

4.6.2 打造幸福河湖

在治理黑臭水体的同时，咸宁还启动淦河"一河两岸"环境提升项目，在淦河河段上建设1条滨水绿廊、3段特色水岸、6大景观节点。2020年9月，淦河成功入选"湖北省幸福河湖示范"，淦河实景见图4.40。

通过黑臭水体的治理，咸宁市建设了一批城市级的公园，如龙潭河湿地公园（图4.41）、十六潭公园。昔日龙潭桥边的黑水沟，经过整治，变成了一处水利、水清、岸绿、景美的慢生活风景线。

咸宁市中心的十六潭公园，公园面积约1229亩，其中水面面积约266亩，是城市"绿心"所在地，也是咸宁最大的以休闲游憩为主的城市综合公园。由于多年未清淤，十六潭公园底泥呈现黑臭状态，水体浑浊，整体水色偏黄绿。咸宁市公园实施水环境治理，公园水体透明度由原先的仅20cm，提高到1.5m以上。市民茶余饭后健身遛弯、休闲娱乐的体验感、幸福感得到极大提升。

4.6.3 贡献咸宁经验

咸宁淦河5条支流全面实现消除黑臭目标，形成了黑臭水体治理"咸宁模式"。

图4.40 淦河实景

图4.41　龙潭河湿地公园

2022年咸宁市水环境治理工作获生态环境部表彰，为全国的黑臭水治理贡献了咸宁经验。

（1）形成了适宜技术体系

提出了硬质河道生态化改造、河床优化、生态滤池等一系列创新技术措施，形成咸宁特色技术路线，因地制宜解决水环境问题。

（2）统筹形成"黑臭+"治理模式

针对暗涵、滨河截污干管，着力挤外水，统筹黑臭水体治理与提升污水处理厂进水浓度；全力推进生态淦河、美丽淦河、幸福淦河建设；投资1.5亿元实施淦河"一河两岸"水环境综合治理工程，建设1条滨水绿廊、3段特色水岸、6大景观节点。

（3）建立多元化筹资机制

统筹中央预算内投资、政府债券项目、PPP模式，推进项目建设和运营，符合政府财政承受能力的同时避免形成政府隐性债务。同时按事权与支出责任相匹配原则，市、区分别承担后续运营维护，全力保障后期营运资金，防止重建轻管。咸宁市实施淦河流域综合治理EPC项目、城区黑臭水体治理优化项目、横沟河（滨河港支流）黑臭水体综合整治工程等共计39个项目，总投资约40亿元。其中，投资+建设EPC项目2个（淦河综合治理+泉都大道绿化），总投资约9亿元；PPP项目8个，总投资约12亿元；BOT项目2个，总投资约1.5亿元。

5

第五章

常德市海绵城市
试点建设

5.1

海绵城市建设要求及城市概况

5.1.1 海绵城市建设要求及试点示范情况

2013年，中央城镇化工作会议指出："要建设自然积存、自然渗透、自然净化的海绵城市。"2015年，《国务院办公厅关于推进海绵城市建设的指导意见》（国办发〔2015〕75号）要求：到2020年，城市建成区20%以上的面积达到目标要求；到2030年，城市建成区80%以上的面积达到目标要求。

"十三五"期间，为推进海绵城市建设，国家连续组织开展了两批共30个城市的海绵城市试点工作，如《财政部 住房城乡建设部 水利部关于开展中央财政支持海绵城市建设试点工作的通知》（财建〔2014〕838号）明确规定：中央财政对海绵城市建设试点给予专项资金补助，一定三年，具体补助数额按城市规模分档确定，直辖市每年6亿元，省会城市每年5亿元，其他城市每年4亿元。对采用PPP模式达到一定比例的，将按上述补助基数奖励10%。根据《关于组织申报2015年海绵城市建设试点城市的通知》（财办建〔2015〕4号）要求，❶财政部、住房城乡建设部、水利部组织了2015年海绵城市建设试点城市评审工作，确定排名在前16位的城市进入2015年海绵城市建设试点范围，名单为：迁安市、白城市、镇江市、嘉兴市、池州市、厦门市、萍乡市、济南市、鹤壁市、武汉市、常德市、南宁市、重庆市、遂宁市、贵安新区和西咸新区。根据《关于开展2016年中央财政支持海绵城市建设试点工作的通知》（财办建〔2016〕25号）要求，前14位的城市进入2016年中央财政支持海绵城市建设试点范围，名单为：北京市、天津市、大连市、上海市、宁波市、福州市、青岛市、珠海市、深圳市、三亚市、玉溪市、庆阳市、西宁市和固原市。

"十四五"期间，国家推进海绵城市示范建设，2021年《关于开展系统化全域推进海绵城市建设示范工作的通知》（财办建〔2021〕35号）指出："十四五"期间，财政部、住房城乡建设部、水利部决定开展系统化全域推进海绵城市建设示范工作，力争通过3年集中建设，示范城市防洪排涝能力及地下空间建设水平明显提升，河湖空间严格管控，生态环境显著改善，海绵城市理念得到全面、有效落实，为建设宜居、绿色、韧性、智慧、人文城市创造条件，推动全国海绵城市建设迈上新台阶。中央财政按区域对示范城市给予定额补助。其中，地级及以上城市：东部地区每个城市补助总额9亿元，中部地区每个城市补助总额10亿元，西部地区每个城市补助总额11亿

---

❶ http://www.mof.gov.cn/gp/xxgkml/jjjss/201504/t20150402_2512145.htm.

元。县级市：东部地区每个城市补助总额7亿元，中部地区每个城市补助总额8亿元，西部地区每个城市补助总额9亿元。资金根据工作推进情况分3年拨付到位。

2021年，系统化全域推进海绵城市建设示范前20名的城市确定为首批示范城市，包括：唐山市、长治市、四平市、无锡市、宿迁市、杭州市、马鞍山市、龙岩市、南平市、鹰潭市、潍坊市、信阳市、孝感市、岳阳市、广州市、汕头市、泸州市、铜川市、天水市、乌鲁木齐市。2022年，前25名城市确定为第二批示范城市，包括：秦皇岛市、晋城市、呼和浩特市、沈阳市、松原市、大庆市、昆山市、金华市、芜湖市、漳州市、南昌市、烟台市、开封市、宜昌市、株洲市、中山市、桂林市、广元市、广安市、安顺市、昆明市、渭南市、平凉市、格尔木市、银川市。2023年，15个城市确定为第三批示范城市，包括：衡水市、葫芦岛市、扬州市、衢州市、六安市、三明市、九江市、临沂市、安阳市、襄阳市、佛山市、绵阳市、拉萨市、延安市、吴忠市。

5.1.2 常德城市概况

常德市为我国首批海绵城市试点城市，属中亚热带过渡的湿润季风气候，多年平均降水量为1365.5mm，年内降水主要集中在4—6月。常德市地处湖南省西北部，沅江下游，是一座典型的临江、滨湖、拥河的水乡城市。

常德市属于低山丘陵向湖区平原过渡地带，山地、丘陵、岗地、平原、湖区等地貌要素俱全。常德中心城区山水环绕，北有太阳山、河洑山，江南有德山，沅江穿城而过，江北有渐河、马家吉河，江南有枉水、东风河以及众多的城市内河湿地，构成了"依山环水、南北湿地、东西田园"的常德市城市山水格局（图5.1）。

图5.1　常德市城市山水格局图

常德市中心城区为河流阶地组成的冲积平原，地势低平，相对高差较小，常德市中心城区江北中心城区高程大部分在30m左右。江北城区、江南鼎城区、德山东部的坡度基本都在5°以下，仅有德山西部区域部分区域坡度在5°以上。江北城区总体地形西高东低、南高北低（图5.2）。常德市内河水系发达，水面率高达17.6%。按流域

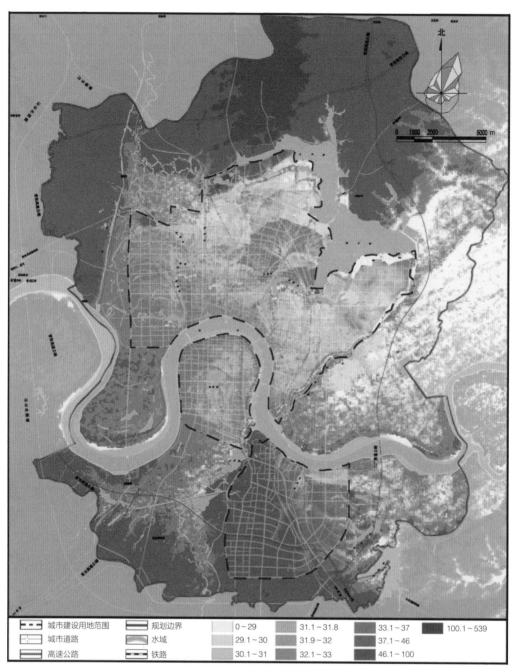

图5.2 常德市中心城区高程图

分，江北城区可分为护城河流域、穿紫河流域、新河流域。

常德市中心城区属第四纪河流冲积湖泊沉积层，河流冲积层岩性为砂卵石，土质为淤泥质黏土、粉质黏土、粉土。城区含水层厚度为25m左右，地下水位较高，为28.7m左右（城区地面高程在31~38m之间），水位高低随沅江及冲柳水系（穿紫河和柳叶湖等）水位涨落而变化，水位年变化幅度约2m，年最大变幅近3.5m。

常德市江北城区土壤渗透性由南向北递减，护城河流域土壤渗透性较好，渗透率可达10^{-5}m/s；穿紫河流域土壤渗透性较差，到穿紫河两岸，渗透系数小于10^{-6}m/s。

2022年，全市实现地区生产总值4274.5亿元，比上年增长4.5%。其中，第一产业增加值495.2亿元，增长3.4%，对经济增长的贡献率为9.7%；第二产业增加值1762.7亿元，增长4.4%，对经济增长的贡献率为39.7%；第三产业增加值2016.6亿元，增长4.8%，对经济增长的贡献率为50.7%。全市三次产业结构调整为11.6：41.2：47.2。第一产业比重提升0.1个百分点，第二产业比重下降0.4个百分点，第三产业比重提升0.3个百分点。全市完成地方一般公共预算收入209.6亿元，增长3.1%。

2022年，全市年末常住人口521.3万。其中城镇人口300.8万，农村人口220.5万。常住人口城镇化率57.7%，比上年提高0.51个百分点。年末户籍总人口587.9万。其中，城镇人口211万，乡村人口376.9万；男性人口298.9万，女性人口289万。

5.2

主要问题及成因分析

5.2.1 水体黑臭严重

5.2.1.1 黑臭水体分布

根据《城市黑臭水体整治工作指南》，常德市确定护城河、穿紫河、夏家垱、屈原公园水面、白马湖水面等7处水体为常德市海绵城市建设试点区内的黑臭水体（图5.3）。

5.2.1.2 护城河黑臭水体成因分析

（1）污水直排护城河

20世纪80年代护城河改造后，常德市老城区用地紧张且缺乏规划管控，居民在原护城河河道上建设住房，由于基础设施不配套，护城河成为合流制暗渠，护城河流域的污水通过护城河暗渠经由建设桥合流制泵站抽排至污水处理厂净化（图5.4），生活污水直排、面源污染等情形见图5.5。

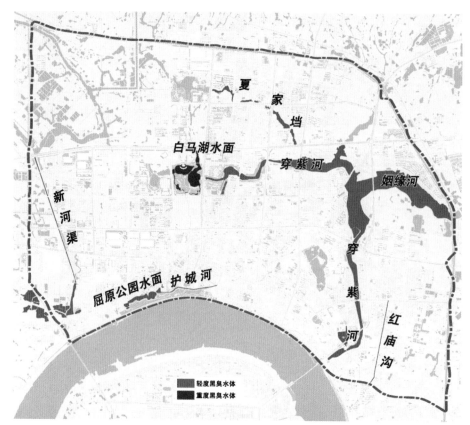

图5.3　常德市海绵城市建设试点区黑臭水体分布图

图5.4　护城河流域内合流制管网分布图

护城河流域面积约3km²，人口约6万，按人均500L/（人·d），产污率取0.8，则每天污水量为2.4万m³/d。根据《室外排水设计规范》，排放污水中的化学需氧量取300mg/L，总氮取20mg/L，氨氮取8mg/L，总磷取4mg/L，可计算得到排放到护城河负荷，见表5.1。

生活污水直排口   生活垃圾被直接倾倒入护城河

图5.5　典型的护城河沿线直排口

护城河汇水分区污水直排污染物量（单位：t/a）　　　表5.1

水系	化学需氧量	总氮	氨氮	总磷
护城河	2628.0	175.2	70.1	35.0

（2）初期雨水污染

根据监测，确定常德中心城区各种下垫面初期雨水水质浓度，见表5.2。

常德市初期雨水水质浓度表（单位：mg/L）　　　表5.2

	氨氮	总氮	悬浮物	总磷	化学需氧量
屋面	0.64	2.45	30.2	0.027	21.5
主干道	1.23	6.26	115	0.48	364
次干道	1.48	5.46	58	0.25	270
广场	1.03	2.85	23.7	0.045	28.2
停车场	0.61	1.84	46.3	0.031	30.3
绿地	0.63	2.88	37.2	0.038	29.3

根据遥感解译，对建设桥排水分区各种下垫面面积进行统计，见表5.3。

目前我国对初期雨水量没有准确统一的计算方法，有的资料认为是一场雨的前6~8mm雨量，也有的认为是前5~15min降雨。为了简便起见，本次采用雨量的概念，即一场雨的前6~8mm为初期雨水。根据各护城河流域建设用地面积，计算出护城河流域场次初期雨水污染负荷。常德市日降水量大于8mm的天数为46天，合计建设桥排水分区年初期雨水污染负荷（化学需氧量）为184.46t/a，各污染物年污染负荷见表5.4。

排水分区内面积统计表（单位：hm²）　　　　　　表5.3

排水分区	道路	建筑	裸地	水系	小区道路	小区水系	植被	总面积
建设桥分区	95.14	184.46	0.12	14.98	93.78	2.64	98.17	489.29

建设桥排水分区初期雨水污染负荷一览表（单位：t/a）　　　　表5.4

时间	氨氮	总氮	悬浮物	总磷	化学需氧量
场次	0.03	0.11	1.54	0.004	4.01
全年	1.38	5.06	70.84	0.21	184.46

（3）底泥污染物释放

根据现场测量，常德市葫芦口至长怡中学护城河箱涵净宽约4.0m，净高2.6~5.0m，淤泥深度1.8~1.9m。底泥污染释放主要包括静态释放和冲刷释放，释放速率受到温度、pH等环境条件的影响，估算难度较大，不确定性高，估算结果只能作为试点区内水环境容量核算参考。底泥污染静态释放计算公式如下：

$$W = \sum_i r_i A \Delta T_i \times 10^{-3}$$

其中，r_i为污染物在i温度下的释放速率$[mg/(m^2 \cdot d)]$，A为水底面积（km²），ΔT_i为i温度下时间段（d）。通过文献确定TN、TP在不同温度下的静态释放速率，见表5.5。

河道底泥中TN、TP等污染物释放速率　　　　　　表5.5

模拟季节温度/℃	5	15	25
代表时间段比例/%	0.2	0.3	0.5
TN释放速率/$[mg/(m^2 \cdot d)]$	35	45	60
NH_3-N释放速率/$[mg/(m^2 \cdot d)]$	0.9	1.2	1.7
TP释放速率/$[mg/(m^2 \cdot d)]$	0.2	0.4	0.7
COD释放速率/$[mg/(m^2 \cdot d)]$	1.2	1.5	2.1

护城河长5.4km，平均宽度约6m，合计护城河水底面积约3.24hm²，据此，可计算出护城河底泥污染静态释放量。考虑到动态冲刷释放对底泥污染释放贡献率超过70%，综上，计算护城河底泥内源负荷TN为1.99t/a，COD为68.59t/a，护城河河道底泥污染释放量见表5.6。

护城河河道底泥中TN、TP等污染物量（单位：t）　　　表5.6

污染物	静态释放量	动态释放量
TN	0.60	1.99
NH₃-N	0.02	0.05
TP	0.01	0.02
COD	20.58	68.59

（4）"三面光"现象严重，水生态严重失衡

原护城河水面宽广，后被改为排水干渠，其两岸筑以石壁，底部敷设水泥板局部抛石（图5.6），"三面光"现象严重，护城河自然生态本底和水文特征遭到严重破坏。

（5）污染物来源及负荷解析

根据计算得到护城河年化学需氧量总入河量为2881.05t，总氮182.25t，氨氮71.53t，总磷35.23t，各污染物及来源见表5.7。

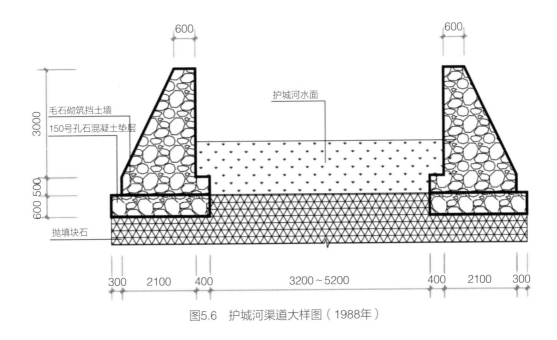

图5.6　护城河渠道大样图（1988年）

建设桥排水分区污染物解析（单位：t/a）　　表5.7

污染物	总负荷	污水直排	初期雨水	底泥释放
化学需氧量	2881.05	2628	184.46	68.59
总氮	182.25	175.2	5.06	1.99
氨氮	71.53	70.1	1.38	0.05
总磷	35.23	35	0.21	0.02

根据计算，污水直排占护城河入河污染物90%以上，污水直排是护城河最主要的污染源。

5.2.1.3　穿紫河黑臭水体成因分析

（1）旱流污水直排

根据统计，穿紫河沿岸有118个雨水口，由于雨污水混接严重，118个雨水口成了排污口，2015年，为改善穿紫河水质，对沿岸118个雨水口进行封堵，穿紫河沿岸8个雨水泵站成为旱流污水直排口。根据旱流污水量及旱流污水浓度，计算穿紫河流域分区旱流污水直排污染物负荷，见表5.8。

穿紫河流域排污口污染物排河量（单位：t）　　表5.8

污染物	化学需氧量	总氮	氨氮	总磷
日负荷	16.44	5.39	0.92	0.30
年负荷	6002.21	1968.48	337.32	111.01

（2）护城河及污水净化中心尾水污染河道

现阶段护城河为常德市护城流域合流制排水干渠。降雨期间，护城河收集的合流制污水通过建设桥机埠排入穿紫河末端，经南碚泵站排入沅江。

常德市污水净化中心位于穿紫河与柳叶湖的连通处，日处理能力10万m³。当前尾水水质为1级B标，直接排入穿紫河，是穿紫河主要污染源之一。

根据实际数据，常德市污水净化中心现状日平均处理量为12万t，现状污水净化中心尾水浓度为：化学需氧量12.2mg/L，氨氮2.38mg/L，总氮10.5mg/L，总磷0.44mg/L，计算得到污水净化中心尾水污染负荷，见表5.9。

江北污水净化中心尾水排入穿紫河的量（单位：t/a）　　表5.9

水系	化学需氧量	氨氮	总氮	总磷
穿紫河	445.3	86.87	383.25	16.06

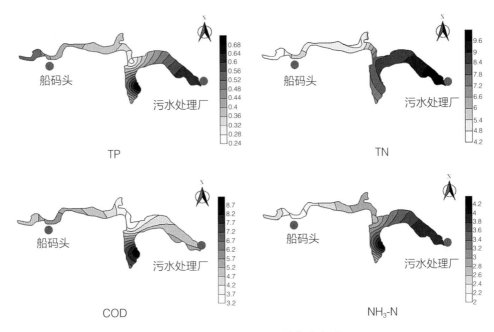

图5.7 2015年穿紫河污染物分布图

2015年，穿紫河南段10km的水质分析报告表明（图5.7），污水净化中心和护城河流域为穿紫河两个主要的污染源。

（3）河道水体交换周期长

现状护城河补水水源为雨水。穿紫河上游原为新河，后来河道改造，穿紫河上游被填埋，穿紫河的补水水源为雨水、江北污水净化中心尾水（补水量为10万m³/d）、沅江补水（规模为1.5m³/s，不定期），换水周期高达1个月。另外，还存在补水点分布不均的问题，穿紫河补水点分布在东边（穿紫河和柳叶湖交界处）和中段（船码头段），西段没有补水点（图5.8）。

现状穿紫河河道平均宽度约100m，最窄处约40m，正常水位平均水深约3.23m，枯水位平均水深约2.23m，采用湿周法，计算穿紫河河道生态基流，约为20m³/s，现状流量难以满足河道生态基流。

（4）河道生态严重退化

一是河道堵塞甚至被填埋，穿紫河总长17.3km，由于被填埋，在2010年左右连通段仅为8.7km，船码头成为穿紫河的最上游，隔离了穿紫河和上游白马湖公园、丁玲公园、杨桥河的连通关系，使得城区水系无法形成一个有机整体，无法充分发挥水面的调蓄作用。城区上游的河道由于年久缺乏梳理，淤堵严重，如杨桥河，过水断面大大缩小（图5.9）。

二是河道岸线消落带土壤裸露，河道滨水绿带不能发挥应有的净化与景观功能；

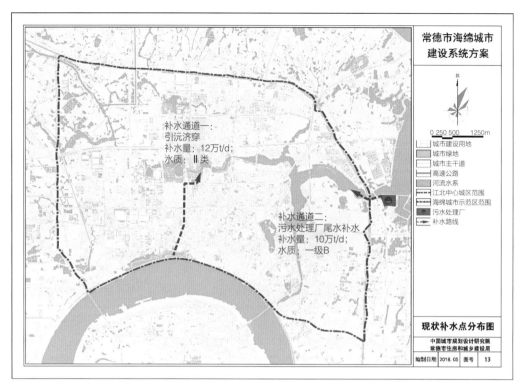

图5.8　现状补水点分布图

图5.9　河道淤堵图（左图为杨桥河过水断面，右图为穿紫河船码头处2010年河道）

河道驳岸建设较早，以硬质驳岸为主，由于建设年代较久，市民利用破败的驳岸种菜，给河道带来了新的污染（图5.10）。

三是河道内污染严重，城市河道内水生植物基本消亡，水生态系统崩溃，水体不能发挥自净作用。

根据设计，江北城区内河水系（穿紫河、新河、护城河等）最高水位为31.6m，最低水位为29.60m，常水位为30.60m，在枯水季节形成了1~2m的消落带（图5.11），破坏了河道生态系统的完整性。

图5.10 柏园桥至南碻段河道驳岸　　　图5.11 穿紫河中段水质及消落带（改造前）

（5）污染物来源及负荷解析

初期雨水污染、底泥释放污染采用与护城河同样的方法，分别计算，得到穿紫河年化学需氧量入河量为7586.23t、总氮2387.61t、氨氮429.25t、总磷127.99t，各污染物及来源见表5.10。

穿紫河污染物负荷及来源解析（单位：t）　　　表5.10

污染物	总负荷	污水直排	初期雨水	尾水直排	底泥释放
化学需氧量	7586.23	6002.21	598.88	445.3	539.84
总氮	2387.61	1968.48	20.21	383.25	15.67
氨氮	429.25	337.32	4.63	86.87	0.43
总磷	127.99	111.01	0.76	16.06	0.16

计算污染物来源，污水直排占穿紫河入河污染物的79%以上，污水直排是穿紫河最主要的污染源。

5.2.1.4　新河黑臭水体成因分析

新河为城郊河流，日前存在7处污水直排点。根据调查，新河汇水分区内现有人口约2万，按人均500L/（人·d），产污率取0.8，则每天污水量为0.8万m^3/d。这些污水由于管网不完善，污水收集处理率仅为50%，每天排河污水量约为0.4万m^3/d。根据《室外排水设计规范》，化学需氧量取300mg/L，总氮取20mg/L，氨氮取8mg/L，总磷取4mg/L，可计算得到排放到新河污染物的负荷，见表5.11。

新河流域排污口污染物排河量（单位：t/a）　　　表5.11

水系	化学需氧量	总氮	氨氮	总磷
新河	438	29.2	11.68	5.84

初期雨水污染、底泥释放污染采用与护城河同样的方法，分别计算，得到新河年化

学需氧量入河量为809.14t、总氮40.57t、氨氮12.91t、总磷6.09t，各污染物及来源见表5.12。

新河流域污染物解析（单位：t/a）　　　　　　表5.12

污染物	总负荷	污水直排	初期雨水	底泥释放
化学需氧量	809.14	438	139.33	231.81
总氮	40.57	29.2	4.64	6.73
氨氮	12.91	11.68	1.04	0.19
总磷	6.09	5.84	0.18	0.07

计算污染物来源，污水直排占护城河入河污染物50%以上，污水直排、底泥释放是新河最主要的污染源。

5.2.2　城市内涝频发

5.2.2.1　内涝积水点分布
由于地势平坦，管网坡度小，管网内水流不畅，壅水溢流情况严重，常德市时常发生内涝。"三改四化"前试点范围内有16处内涝积水点（图5.12）。

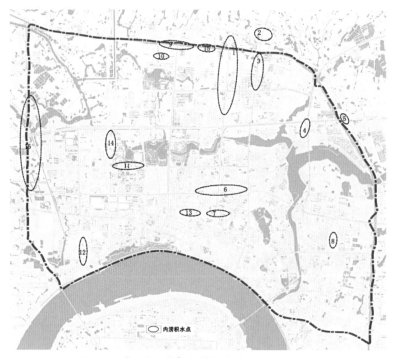

图5.12　"三改四化"前模拟内涝积水点分布图

5.2.2.2　内涝成因分析

（1）错接误接加剧内涝

现状雨水管道部分管径偏小，雨水排放标准低，部分道路大管接小管加剧了内涝的发生。按照常德市排水专项规划，除了重要地区，一般地区雨水重现期P一般取1，甚至小于1。在建设中部分雨水管道没有按照规划标准建设，并且存在错接、乱接现象，如紫菱路与紫缘路交叉路口（图5.13），紫菱路雨水管网管底标高为26.5m，而紫缘路雨水管网的管底标高为28.78m，紫菱路的雨水管完全位于紫缘路雨水管下方，导致紫菱路附近的怡景福园小区成为城市主要的内涝点之一。

管网建设的另一问题在于大管接小管，导致管网排水能力不足，如金色晓岛与朝阳路交叉路口（图5.14），金色晓岛前道路的雨水管网管径达到900mm，而朝阳路的

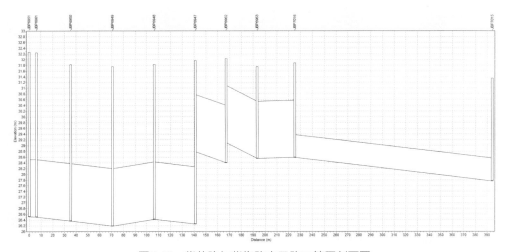

图5.13　紫菱路与紫缘路交叉路口管网剖面图

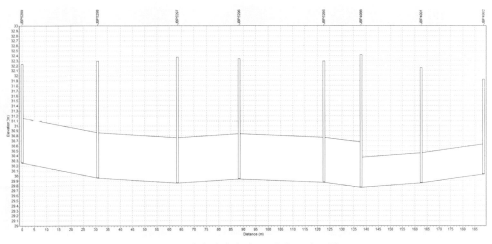

图5.14　金色晓岛与朝阳路交叉路口管网

管径仅为600mm，严重地影响了城市管网排水能力。

（2）雨水管网服务范围增大导致排水不畅

根据《常德市江北城区排水专项规划（2011）》，常德大道以北、铁路线以南、火车站以西的区域应该排往前进泵站，但由于排往前进泵站的道路还没有修通，该区域的雨水管网接到夏家垱排水分区的管网，增大了夏家垱雨水分区的面积，雨水管网排水能力下降，导致该区域成为常德市主要的内涝区域之一，具体见图5.15。

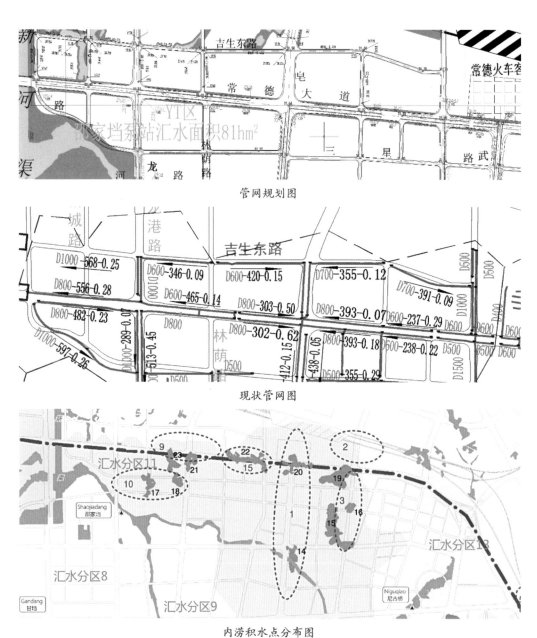

图5.15　常德大道规划排水管网、实际管网敷设及内涝点分布图

由于排水泵站建设的滞后，导致排水分区变化，主要表现为船码头排水分区面积的扩大。由于甘垱机埠建设滞后，滨湖路以南原甘垱机埠的服务面积被调整到了船码头机埠，导致船码头机埠汇水分区面积扩大了2km²，降低了船码头片区排水设施的标准。

（3）泵站抽排能力偏低

随着城市的发展，一些近郊逐步变为城市，但其排水设施的建设却没有相应跟上，许多地方仍然由农排泵站担负着城市排水的任务，不能满足城市排水的要求。2014年前，常德市江北城区的排水范围内，农排泵站31座，负责3734hm²的排水区域；城排泵站11座，装机容量5142kW，负责1710hm²的排水区域。在暴雨期常出现积水，排水不畅，导致城区内涝严重。

（4）排水设施缺乏运维

2011年起，常德市组织对江北城区排水管网进行检测，依据《排水管道电视和声纳检测评估技术规程》，管道有较严重影响的结构性缺陷集中表现于渗漏、破裂、错位和脱节等（图5.16）。根据检测结果，由于排水管材以混凝土为主，缺陷等级较高

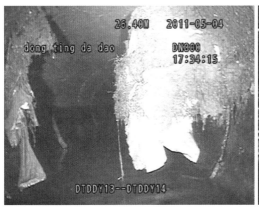

洞庭树根入侵（过水断面损失25%）　　　　　丹阳路地下水侵入管网

管道材料破碎，异物侵入管道底部，有石头等障碍物，断面损失约为管径的50%

图5.16　管网破损

的3级与4级，数量占缺陷总数的64%，已经严重影响了排水管网的正常安全运行。

由于排水设施缺乏运维，雨水箅子缺失、雨水口淤堵已成为积水点的成因，如建设局前积水点。

（5）水域面积减少，城市调蓄能力下降

常德市在城市建设过程中，部分小的水系被填埋，明河改暗涵。根据1985年同期的遥感卫星图片（原始精度为30m）和2016年10月的Landsat8（精度为15m），遥感解译后水面如图5.17所示。

根据统计结果，2016年江北城区相对于1985年水系湿地面积减少了65.38%。水系面积减少降低了城市内部水系蓄水能力，导致雨水无处可存储，城市雨水积在地面，形成内涝积水。

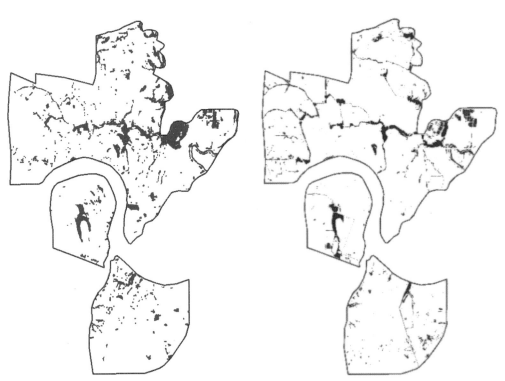

1985年常德市中心城区水系分布示意图　　2016年常德市中心城区水系分布示意图

图5.17　水系面积对比图

5.3

黑臭水体治理方案

5.3.1 治理目标与策略

（1）治理目标

消除试点范围内的黑臭水体，城市河道水环境质量达到《湖南省主要地表水系水环境功能区划》DB 43/023—2005的要求，即城区内部重点河道穿紫河水质目标为地表水环境质量Ⅳ类。

（2）治理策略

常德市的黑臭水体集中分布于三个流域，即护城河、穿紫河、新河流域，三个流域水体黑臭的原因呈现较大的差异性。护城河位于常德市老城区，排水体制为合流制，现状护城河为其合流制管渠，合流制污水直排是其主要污染成因。穿紫河流域位于中心城区，建设年代为20世纪90年代以后，排水体制为分流制，雨污水管网错接、混接，初期雨水、河道内源是穿紫河的主要污染源，城市河道水动力条件差也是导致黑臭的原因之一。新河位于城郊，污水系统不完善，污水收集率不高是新河水体黑臭的主要成因。

针对建设条件、排水体制、污水主要成因，提出三个流域黑臭水体治理的策略，即护城河以截污纳管、河道恢复为主；穿紫河以混错接改造、面源控制、水系治理为主；新河以完善污水收集、规划管控、水系治理为主。在此基础上，辅以必要的措施，确保改善水环境达标，见图5.18。

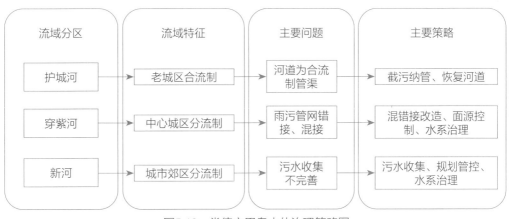

图5.18　常德市黑臭水体治理策略图

5.3.2 护城河流域黑臭水体治理方案

5.3.2.1 技术路线

护城河流域为合流制排水体制，护城河为其排水管渠，其主要污染源为污水直排、底泥、面源等。为治理护城河黑臭水体，沿护城河建设截污干管，将直排护城河的污水接入市政污水管网，在此基础上治理溢流污染。

建设截污干管后，护城河水系及排水系统运行如下：

（1）晴天时，合流制排水管网收集的污水通过污水管送到污水处理厂，见图5.19。

（2）小雨时，收集的污水加初期雨水，通过污水管送到污水处理厂；超过污水泵输送能力的合流污水临时存储在雨水调蓄池中，降雨结束后，再送到污水处理厂，运行流程见图5.20。

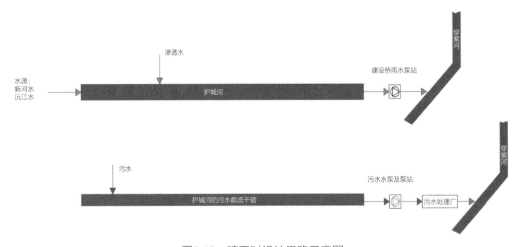

图5.19 晴天时设计思路示意图

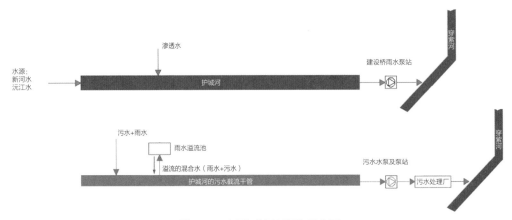

图5.20 小雨时设计思路示意图

（3）大雨时，收集的污水加初期雨水，通过污水管送到污水处理厂；超过污水泵输送能力的合流污水临时存储在雨水调蓄池中，降雨结束后，再送到污水处理厂；超过调蓄池容积的合流污水量，经调蓄池沉淀后溢流到护城河，运行流程见图5.21。

根据护城河污染控制的设计思路，护城河污染控制的核心在于构建合理的截污干管、调蓄池、生态滤池，控制排入护城河河道污染物浓度。在此基础上进行源头减排、河道清淤，减少溢流频次、底泥释放量等。

5.3.2.2 方案布局

结合护城河流域现状河流水系、公园及泵站调蓄池等大型海绵设施（图5.22），采用源头减排、过程控制、系统治理等综合手段进行海绵城市建设。

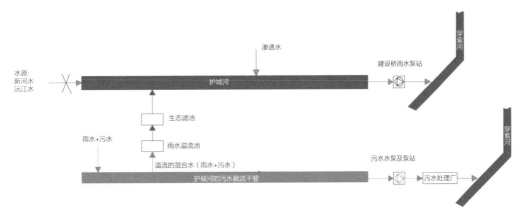

图5.21 大雨时设计思路示意图

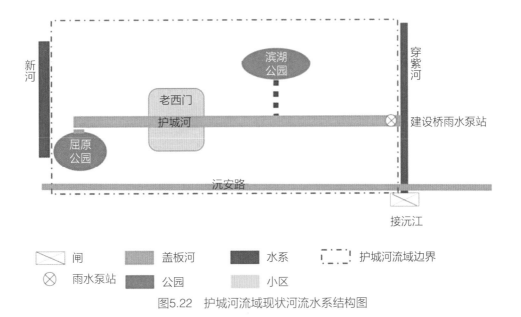

图5.22 护城河流域现状河流水系结构图

对于有条件的区域，如建设桥区域和龙坑区域，区域内有公园水体，可以建设生态滤池；对于城市建设密集，无建设生态滤池条件的区域，为减少溢流频次，可适当增加截污干管截流倍数，同时在溢流口建设调蓄池（溢流池），净化合流制溢流污水。

考虑暴雨期合流制溢流量较大，应联通上游新河补水，保障河道水生态系统因污染物浓度过大而导致水生态系统崩溃，具体方案如下：

（1）源头减排

充分利用现有公园绿地，建设下沉式绿地、生态净化设施，收集、调蓄、净化来自公园周边道路小区以及公园自身的雨水，补给护城河；充分利用现有湖泊水体，作为洪水的调蓄空间。

结合棚改、小区改造，进行雨污分流制改造，在护城河沿岸有条件的区域建设水系绿带，滨水建筑小区、道路雨水可通过水系绿带净化后补充水体。护城河沿线区域建筑建设绿色屋顶，将屋面较为干净的雨水排入护城河，作为护城河的补充水源；由于建设密度高，在其他有条件的区域建设绿色屋顶，削减雨水径流。

在地表雨水不能通过坡面流直接进入护城河及其他水体的区域，建设低影响开发设施，雨水净化后汇入雨水管网，并通过排水口的净化设施净化后排入水体。

考虑到老城区改造难度大，根据文献，当排水分区面积较小，源头控制大于4mm时，可以控制初期雨水污染负荷的50%～70%。因此，对护城河进一步细分，分为四个小的子排水分区，每个子排水分区面积控制在1km²左右，确保能有效控制初期雨水，具体源头改造见图5.23。

（2）过程控制

现状护城河为老城区合流制排水干渠，合流制排水系统是护城河的主要污染源，对直排护城河的污水管网进行截流改造。

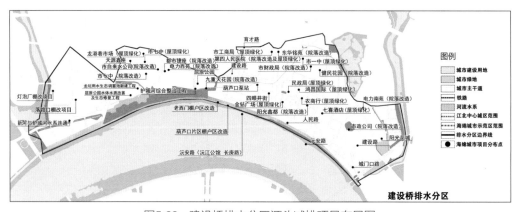

图5.23　建设桥排水分区源头减排项目布局图

在沅安路（沿沅江）建设污水压力干管，将截流的高浓度污水直接送入污水处理厂，避免进入混接的合流制排水管网。

短期内老城区难以全面实施雨污分流，维持合流制排水系统，通过截污纳管、生态滤池过滤等综合整治措施实现河流水质基本达标。在老城区结合棚改、提质改造，将合流制排水系统改为分流制排水系统。雨水收集、调蓄、处理系统流程见图5.24。

考虑到护城河流域面积较大，建设龙坑泵站、老西门泵站、滨湖公园泵站、建设桥泵站四座泵站调蓄池，将污水经沅安路污水压力干管送往皇木关污水处理厂处理，见图5.25。

结合用地条件，建设龙坑、建设桥生态滤池，调蓄净化合流制溢流雨水。对于老西门、滨湖公园段截污干管采用3倍截流系数，龙坑、建设桥泵站截污干管服务区域采用2倍截流倍数。

（3）系统治理

①河道恢复。拆迁护城河河道上的建筑，打开护城河盖板，并进行河道清淤，采用搅吸法将护城河的淤泥完全清除，消除底泥污染。

②驳岸恢复。结合用地条件和城市功能布局，建立三种不同形式的驳岸，分别为

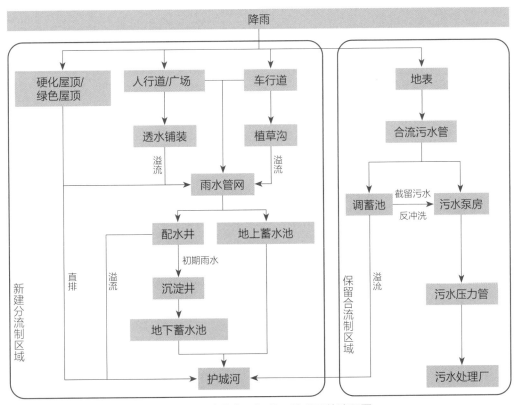

图5.24　雨水收集、调蓄、处理系统流程图

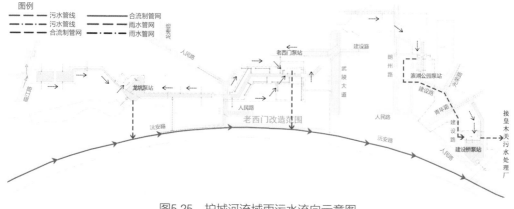

图5.25 护城河流域雨污水流向示意图

两侧石墙、一侧石墙一侧软质驳岸，以及一侧石墙一侧阶梯入水。在可能拓宽河道的区域（如屈原公园段）扩大河道断面，增大调蓄空间，并建设生态化驳岸。

③岸线设计。结合河道水位进行岸线设计。枯水位/常水位以下敷设砾石；枯水位/常水位和5年一遇水位区位间采用生态驳岸加固；在河道内种植水生植物、建设人工浮岛，净化水质。

④生态修复。对滨湖公园、屈原公园、朝阳湖等水体进行水生态修复，净化水质，重构良好水生态。

⑤活水保质。充分利用河道水面开发滨水休闲空间，恢复历史水系结构，构建护城河与新河的连通通道。

（4）综合布局方案

通过源头减排、过程控制、系统治理，构建在空间平面上以护城河为核心，向外依次为水系绿带、滨水建筑区、其他区域的海绵城市建设体系。水系主要进行河道恢复、清淤、水生态修复；水系绿带结合水位建设不同的低影响开发设施；滨水建筑区合理收集雨水，合理利用水系绿带净化坡面雨水，补充河道水体；其他区域通过建设低影响开发设施，滞留和净化水质，并通过雨水管网补充护城河水体。以屈原公园和滨湖公园为界，将护城河流域分为四段，护城河流域海绵城市建设示意图见图5.26，各部分侧重点如下：

第一段：以屈原公园提质改造为核心的海绵城市建设；护城河的改造。

第二段：以老西门为代表的老城区有机更新；护城河的改造，合流制的截污和调蓄泵站建设。

第三段：以滨湖公园为代表的水生态修复；护城河清淤工作。

第四段：建设桥雨水溢流池汇水区综合改造。

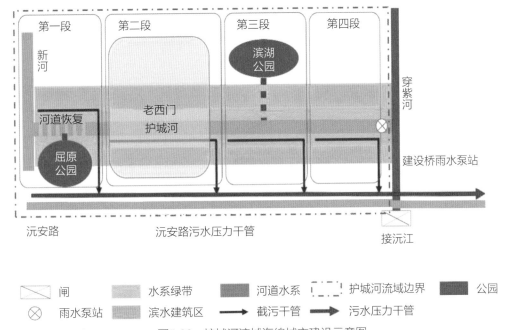

闸	水系绿带	河道水系	护城河流域边界	公园
雨水泵站	滨水建筑区	截污干管	污水压力干管	

图5.26 护城河流域海绵城市建设示意图

5.3.2.3 重要节点设计

（1）合流制排水系统改造

①合流制截污干管建设

在护城河两岸建设两条截污干管，截流倍数取3。将合流雨污水导入污水调蓄池，通过泵站输送到沅安路污水压力干管。将接入护城河的合流制管网封堵。老西门棚改区截污管网改造如图5.27所示。

②污水截流调蓄池与泵站的建设

在项目区域的东北角设置2000m³的截流调蓄池与泵站。合流制雨污水分为三种运行工况，工艺流程如图5.28所示。

以老西门污水截流调蓄池为例说明运行过程（图5.29）。不下雨时，污水排入沅安路污水压力干管；下雨时，合流雨污水流量超过潜污泵输送能力277L/s时（即3倍污水截流倍数和1倍不明来水量），流槽内水位上升，当水位达到29.70m时，通过百叶潜水格栅进入调蓄池；当雨水溢流池水位超过30.80m时，经过沉淀的雨水通过DN800管道向护城河溢流；当流槽内水位上升到31.00m时，通过流槽旁3个设有细格栅的溢流孔向护城河溢流出水；降雨结束后，通过潜污泵排空。冲洗室内的水冲刷调蓄池内沉积物然后流入泵站，经潜污泵加压后排至污水压力干管。

（2）水系驳岸设计

水系驳岸建设结合截污箱涵、生态滤池、消落带综合设计，形成多功能景观公

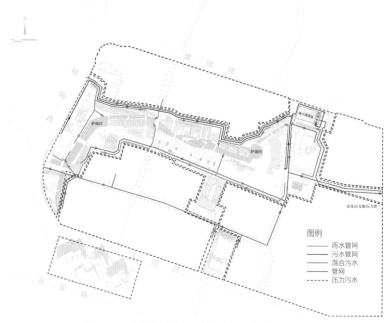

图5.27 老西门棚改区截污管网改造平面图

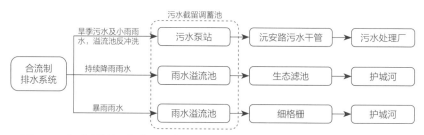

图5.28 污水截流调蓄池、雨水溢流池、泵站与生态滤池的工艺流程示意图

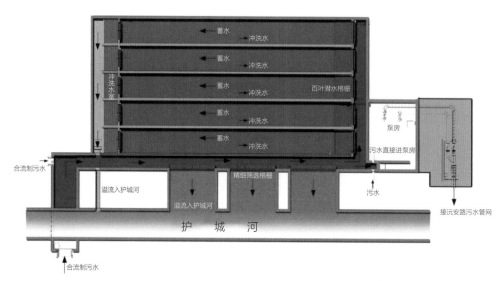

图5.29 第二段老西门污水截流调蓄池、雨水溢流池与泵站示意图

园，概念图见图5.30，该工程主要包括以下内容：

①该段护城河墙体与周边建筑有一定结构关系，因此保持原北部墙体，并在沿线敷设截污箱涵，将原污水管截流。

②由于周边小区为老旧小区，可用改造面积相对较小，在截污箱涵上建设带状生态滤池，收集周边小区地表径流，净化后排入护城河，排水口标高高于5年一遇河水位。一方面美化了截污箱涵，另一方面提高了土地利用率。

③水系驳岸分成四个不同水位设计：常水位/枯水位线以下，即河床，敷设砾石，并在河床两侧种植芦苇等挺水植物，增加水体自净能力；在常水位/枯水位与1年一遇水位之间的驳岸上种植耐湿耐旱本地植物（如芦苇）的植物辊，以稳固驳岸，减少冲刷；在1年一遇水位线与5年一遇水位线之间的驳岸上铺设棕榈垫种植草皮，防止在高水位时受到冲刷。

常水位/枯水位的设定标准如下：由于周边地质复杂，且局部涉及建筑基础，所以保持原始护城河水位，以减少因水位变化对驳岸产生不利影响。

由于原护城河为盖板排水干渠，而现今设计为一条开放式的雨水排水干渠，所以雨水管渠设计重现期为5年一遇。2017年7月1—2日，市城区24h累计降雨量达177.8mm，日降雨量为5年以来最大值，没有出现大面积积水，没有人员伤亡，无直接经济损失。

（3）排涝与补水

历史上护城河与沅江相连，新河曾是穿紫河水系的上游，新河北段的修建使新河和穿紫河在竹根潭处断接。杨桥河、新河南段（原新竹河）水流汇合后，经新河北段由南向北流入花山河。本次沿高泗路修建一条连通护城河与新河的生态水渠（图5.31），将建成一套由新河向护城河补水、护城河向新河泄洪的"补水—泄洪"体系

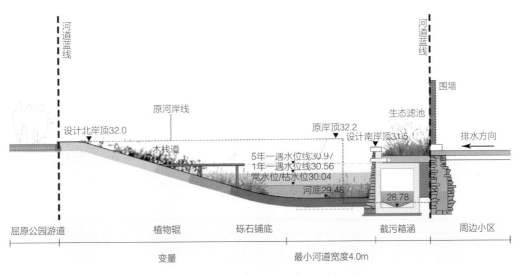

图5.30 护城河第一段河道整治断面图

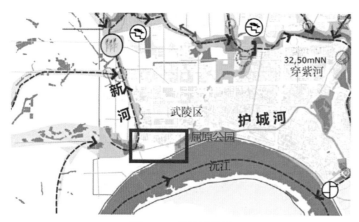

图5.31 项目区位图

图5.32 新河—护城河河道
恢复工程鸟瞰图

（图5.32）。丰水期发生溢流污染时护城河换水周期为1.5天，枯水期换水周期为15天。

枯水期，通过新河—护城河连通渠将新河水用泵提送至护城河或者屈原公园内湖中，泵的送水量为0.5m³/s，出水口的位置在最高水位以上。为了实现公园湖水向护城河补水，在两个水体连接处设计一道堰，最大过水量与从新河—护城河连通渠送到内湖的水量一致，为0.5m³/s。新河水可以用泵抽送到护城河，或者先到内湖，再流入护城河。暴雨时（3年一遇降雨），通过另外一条管道，实现屈原公园内湖通过新河—护城河连通渠向新河泄洪。为此，在公园内湖西头设置一道堰，泄洪水量设计为3m³/s。

5.3.3 穿紫河流域黑臭水体治理方案

5.3.3.1 技术路线

穿紫河流域的排水体制为分流制，但由于部分小区污水管、合流制排水管网接入市政雨水管网，以及部分市政雨污水管网混接，导致雨水管网排口存在旱流污水，进而污染河道。

首先，在本方案中考虑标本兼治。治标，即消除旱流污水直排口，减少直接进入河道的污水量；治本，是指理顺排水体制，实施雨污分流，从源头上对混接入市政雨水管网的小区污水管网、小区合流制管网进行改造。其次，对市政雨污水管网进行检测、修复，对混错接管网进行改造，减少污水进入雨水管网的量。最后，通过低影响开发，削减分流制排水区域（小区、道路、广场等）的初期雨水污染。

在具体的操作中，首先在雨水管网排口改造调蓄池和生态滤池，处理初期雨水和混流污水，消除旱流污水及小雨溢流，该技术方案分三种情景运行，即：

（1）晴天时，旱流污水通过调蓄池，由污水泵站送入市政污水管网后进入污水处理厂处理，消除旱流污水，运行流程如图5.33所示。

（2）小雨/中雨时，合流制小区雨水通过溢流井将初期雨水排往污水管网及污水处理厂；分流制小区雨水经低影响开发设施净化后排入市政雨水管网；由于市政雨污水管网混接导致部分污水也进入雨水管网；这些雨水、污水都进入末端调蓄池。此时调蓄池污水泵站关闭，生态滤池泵站打开，混合水进入生态滤池处理，生态滤池不能处理的混合污水，待雨停之后排入污水处理厂，此时混合污水不往河道水体中排放，运行流程如图5.34所示。

（3）大雨时，雨水流向与小雨/中雨基本相同，排往污水管网的泵站继续关闭，调蓄池内的初期雨水首先由生态滤池处理，当来水量大于处理量时，开启雨水泵站，按泵站调度规范，由泵站将混合水抽排到穿紫河，运行流程如图5.35所示。

根据上述运行方案，仅当降水量较大，超出调蓄池和生态滤池处理和调蓄能力时，雨水和混合污水由泵站排入河道。

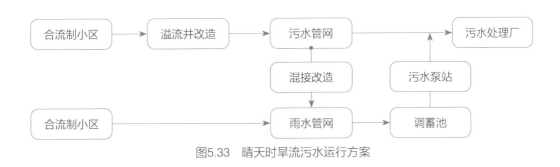

图5.33　晴天时旱流污水运行方案

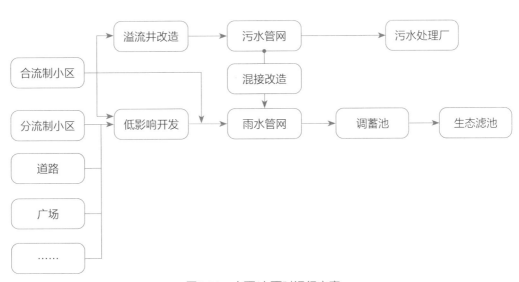

图5.34　小雨/中雨时运行方案

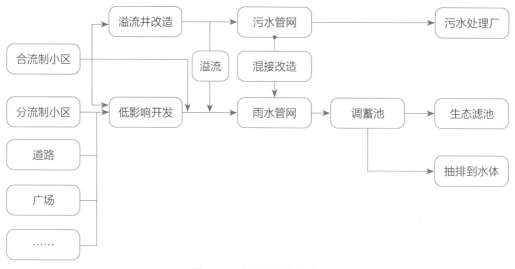

图5.35　大雨时运行方案

5.3.3.2　方案构建

穿紫河为分流制流域，穿紫河的治理采用源头减排+雨污分流+末端初期雨水调蓄池及生态滤池的技术方案。

（1）初期雨水污染削减45%，即源头低影响开发设施处理能力大于7mm。

（2）末端集中式生态滤池初期雨水削减率达到60%，即生态滤池处理能力应大于7mm。

（3）污水管或者合流制小区管错接入市政雨水管道小于5%；市政雨污混接比例大幅降低，小于10%；通过两者综合措施，削减50%以上混接入雨水管网的污水量。

（4）雨水口旱流污水消除。

（5）消除江北污水处理厂尾水直排污染，尾水排放主要水质指标达到补水水质要求。

（6）污水处理厂提标扩容，江北城区污水处理能力达到污水处理能力要求。

（7）通过灰色基础设施+源头减排，共同达到78%的年径流总量控制率。

（8）河道整治，消除河道内源污染，河道清淤深度介于40~60cm。

穿紫河流域黑臭水体治理如图5.36所示。

通过源头减排、过程控制、系统治理，构建在空间上以穿紫河为核心，向外依次为水系绿带、滨水建筑区、其他区域的海绵城市建设体系。穿紫河主要进行河道清淤、水生态修复；将滨水建筑区雨水导入水系绿带，净化后补充河道水体；其他区域通过低影响开发，滞留和净化雨水，减少对污水处理厂的冲击。兼顾地表和地下两个空间，做好雨污水管网的修复、小区溢流井的改造。

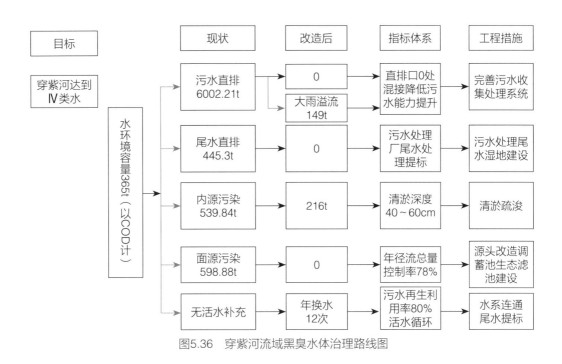

图5.36　穿紫河流域黑臭水体治理路线图

在建设时序上，结合常德市黑臭水体治理的经验，先对泵站、调蓄池、生态滤池及泵站周边的水系、绿地进行改造，消除城市河道点源污染，削减泵站周边面源污染；然后对滨水建筑区进行海绵化改造，在条件允许的情况下，将初期雨水导入水系沿线的海绵设施或泵站调蓄池进行处理；在此基础上大力开展管网修复，小区溢流井改造，小区、道路、绿地广场的低影响开发建设。

通过以上措施形成流域性黑臭水体治理工程。其中包括：船码头等9个雨水泵站和其周边区域改造；以德国风情街为代表的海绵滨水小区建设；以白马湖和丁玲公园为代表的海绵公园改造。穿紫河流域海绵城市建设如图5.37所示。

5.3.3.3　重要节点设计

1）小区溢流井改造

通过CCTV检测，摸清常德市小区排口混接错接情况，制定《常德市江北城区小区合流制管道及溢流井改造三年计划》。调研表明，约56.8%的排水户混错接入市政污水管网，43.2%的排水户混错接入巾政雨水管，溢流井改造方式如下：

（1）小区合流管接入城市雨水管网。小区内增设污水管道和截流井，晴天时，小区污水通过新埋设的污水管道进入城市污水管网；雨天时，以雨水通过溢流经原雨水管道进入市政雨水管网。

（2）小区合流管接入城市污水管网。小区内增设雨水管道和溢流井，晴天或小雨时，小区污水通过原污水管道进入市政污水管网；雨天时，雨水通过溢流，或经新埋

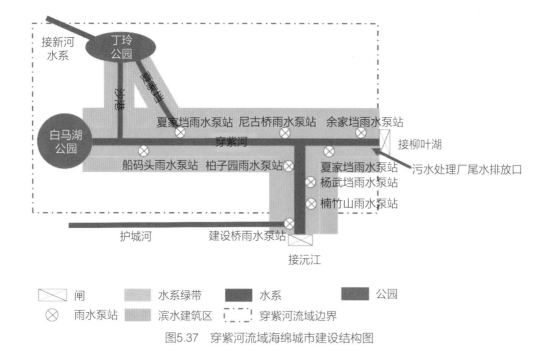

图5.37 穿紫河流域海绵城市建设结构图

设的雨水管道进入市政雨水管网。

2）污水管网修复方案

按汇水区划分对管网进行摸查，共涉及39条道路，部分管网内部CCTV检测如图5.38所示，需要开展管网修复的管段总长为106.59km，其中6913处需要进行点状修复，整段修复的管网长度为17.24km。

对拟进行修复的管道，首先应用高压冲洗车和吸污车进行联合清淤。在清淤工作完成后，通过CCTV监测识别管段主要问题，找准拟修复的位置。对城市污水管网存在结构性破坏的管段进行整体性修复；对管道混接进行改造，并对混接点进行点状修

管网变形　　　　　　　　管网渗漏　　　　　　　　管口错位脱开

图5.38 管网变形、渗漏等问题

复；对存在脱节、错位的管道复位后进行点状修复；对渗漏严重的管道进行整体修复，其他采用接缝处点状修复。

3）雨水泵站改造方案

穿紫河沿岸9个雨水机埠是穿紫河的主要直接污染源，改造穿紫河沿岸9个雨水机埠，将旱流污水输送至市政污水管网，处理初期雨水。以船码头泵站为例，介绍泵站及生态滤池改造方案。

（1）项目概况

船码头泵站改造项目始于2009年，该项目主要是对混错接的分流制排水系统的污水进行处理，船码头泵站位置如图5.39所示，由于上游河道被填埋，该处已成为穿紫河上游的起点。

（2）设计目标

①水环境目标。水系水质优于《地表水环境质量标准》GB 3838—2002Ⅳ类水体标准。

②水安全目标。确保调蓄池建设不影响汇水区排水安全。应用排水管网水动力模拟软件，综合考虑调蓄池水位升高导致雨水管道壅水情况。模拟结果表明，改造后泵站调蓄池的水位不影响排水分区的排水安全（图5.40）。

图5.39　船码头泵站项目位置图

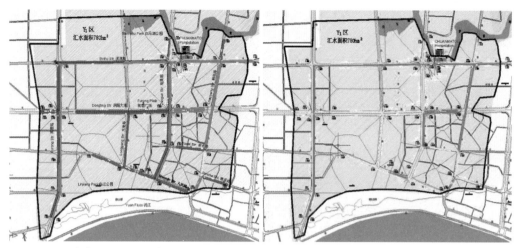

改造前有发生溢流的管道（红色）　　　　改造后无发生溢流的管道

图5.40　管网改造前后水力验算状况对比

（3）泵站及调蓄池改造

通过沉淀池、调蓄池和蓄水型生态滤池对混流雨污水进行沉淀、调蓄和净化，为穿紫河提供清洁水源。通过增加调蓄池的调蓄容积，提高对雨污水的调蓄能力。该工程主要包括以下几个组成部分：

①封闭式沉淀池（1a池+1b池）：7000m³。

1a池+1b池：长67m，宽58m，最大高度6m；冲刷廊道12条；封闭式沉淀池内设12面百叶潜水挡墙。

采用德国门式反冲洗设备，封闭式沉淀池均设置于停车场下，防止臭气外泄。

②开放式调蓄池（2号池）：1.3万m³。

③污水泵站：满足现状污水流量，非降雨期来水量为0.5m³/s，远期随着污水管错接雨水管的情况改善，来水量将减少，预计未来非降雨期来水量为0.3m³/s。

④雨水泵站：总排水能力为12.6m³/s。

沉淀池进水口设计COD浓度为77~88mg/L；污水泵站进水口设计COD浓度为154~198mg/L，旱季流量约为0.5m³/s。沉淀池断面如图5.41所示。

非降雨期、小雨/中雨期、暴雨期和降雨结束后，沉淀池、调蓄池、雨污泵站和蓄水型生态滤池相应的运行工况如下：

a. 非降雨期：来自污水干渠的污水通过污水泵站泵入污水处理厂，1号池提供2mm的调蓄空间以调蓄不明来水，其运行工况如图5.42所示。

b. 小雨/中雨期：1号池提供2mm的调蓄空间，2号池提供5mm的调蓄空间。此时污水泵站不运行，混流雨污水通过雨水泵站从2号池排入蓄水型生态滤池（3mm的调

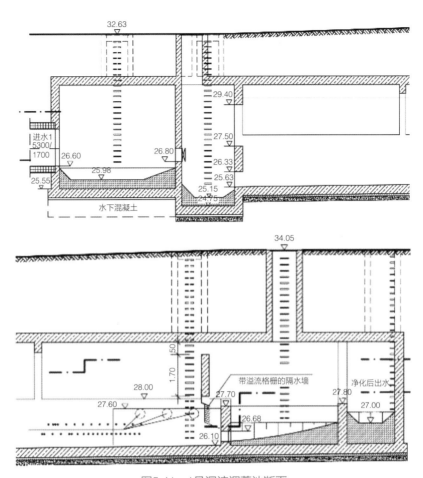

图5.41 1号沉淀调蓄池断面

非降雨期来水工况:
约0.3m³/s水量送往污水处理厂
来自1号a蓄水池的水注满1号b蓄水池,作为蓄水型生态滤池的起泵调蓄量

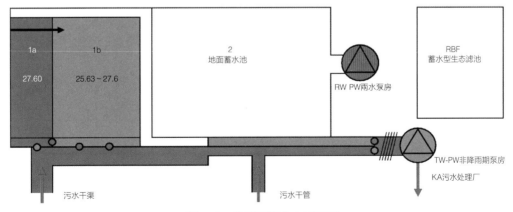

图5.42 非降雨期来水工况图

蓄空间），其运行工况如图5.43所示。

c. 暴雨期：即超过10mm的雨水量，来水量大于2.4m³/s时，雨水经1号、2号池通过雨水泵站排入水体，其运行工况如图5.44所示。

d. 降雨结束反冲洗：开启反冲洗门，通过水将1号池底部的沉积物冲入污水管网，并送入污水处理厂，其运行工况如图5.45所示。

下游污水管道直径为600mm，传输能力约为0.25m³/s。1号池冲洗时，排空时间约为2h，并定期冲洗，系统运行良好。

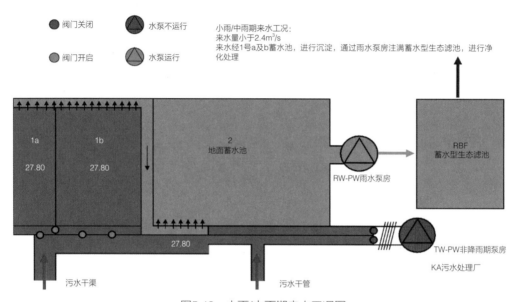

图5.43 小雨/中雨期来水工况图

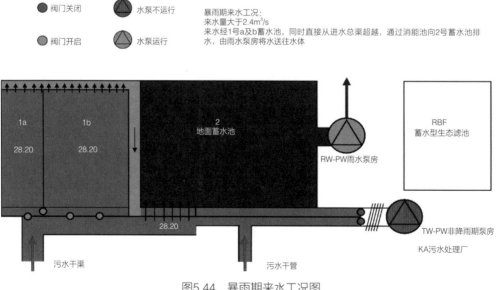

图5.44 暴雨期来水工况图

2号调蓄池建设成混凝土盖板的调蓄池，并在上面建设雨水花园。调蓄池设计高水位28.5m，溢流水位29.7m，池底26.8m，其示意图如图5.46所示。

e．蓄水型生态滤池：占地面积8400m²，蓄水容积8400m³，项目中使用中砂作为滤料，鉴于滤料级配资源选择有限，滤料的选择应根据天然砂场供应砂的情况来进行现场检测与确定。在设计和施工良好，且前置沉淀池运行良好的情况下，滤料可长期使用，无须更新。在满水的情况下，生态滤池的水力停留时间为24h。生态滤池运行示意图如图5.47、图5.48所示。

4）河道治理方案

（1）河道水位确定

根据河流水力模型模拟，确定穿紫河设计水位为：枯水位29.60m，常水位30.60m，洪水位31.60m，100年一遇防洪堤32.60m。通过上游新河综合整治（水面从25m拓宽到平均70m）、花山闸建设和沿线所有雨水泵站改造，穿紫河河堤从34.60m降至32.60m，

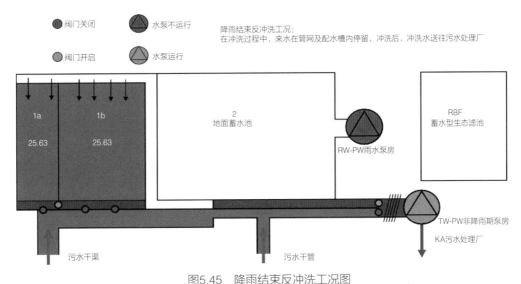

图5.45 降雨结束反冲洗工况图

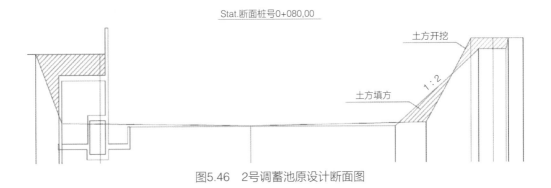

图5.46 2号调蓄池原设计断面图

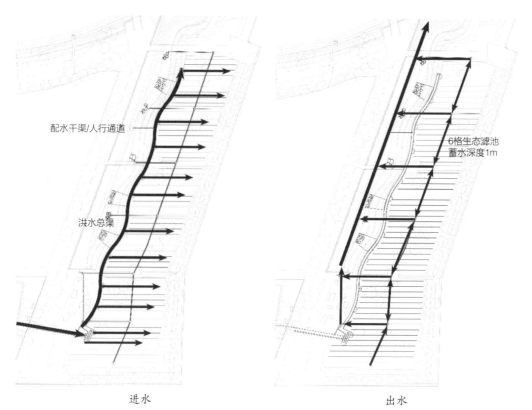

配水干渠/人行通道

洪水总渠

6格生态滤池
蓄水深度1m

进 水 　 　 　 　 出 水

图5.47　蓄水型生态滤池运行系统

蓄水型生态滤池
蓄留过滤渗透

蒸发

渗透过滤　　配水

配水

进水

出水口

配水渠

渗水管

天然滤料　　导流管

图5.48　生态滤池照片及运行示意图

降低了2m，如图5.49所示。

（2）清淤疏浚工程

根据淤泥测定，如果河道清淤到20cm的深度，污染负荷不但没有削减，反而有所上升，如果清淤到40cm，氨氮的污染负荷将会削减51.32%，溶解性总磷污染负荷将会削减26.31%，但清淤的效率是逐渐降低的，到了60cm时，出现了一次拐点，即效率降到了很低位置。所以不从防洪过水断面考虑，清淤设计深度不应超过60cm；但从总污染清除效果考虑，当清淤深度达40cm时，清淤效果已达75%～80%，因此最佳清淤深度应该在40～60cm范围内。

（3）生态驳岸建设

结合景观要求，建设生态驳岸，形成多功能景观公园，其岸线形式如图5.49、图5.50所示，该工程主要包括以下内容：

①有坡度的岸线均设计为双梯形断面，并采用棕榈垫和植物辊建设生态驳岸，防止岸线滑坡，消除消落带。

设计常水位与设计枯水位之间，敷设棕榈垫（约4000m²）与植物辊（1200m）。通过二者与其上种植的挺水植物保护驳岸不被冲刷；棕榈垫和植物辊中种植耐湿耐旱类植物，如芦苇、再力花等，并为动物（如两栖类等）提供生境，提高河道自净能力。

设计常水位和设计洪水位之间的驳岸敷设椰棕垫、种植草皮，降低驳岸在洪水期间滑坡的风险。

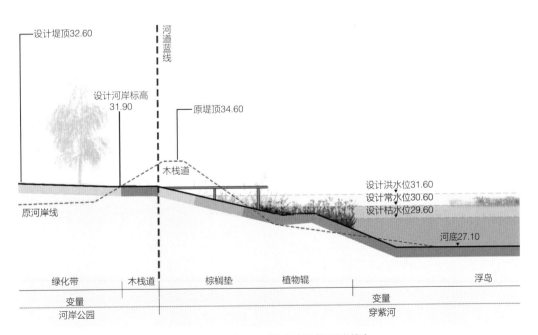

图5.49　河堤断面图（改造前后岸线）

通过堤岸后移（依据建成区与河道之间用地条件进行后移），并进行河道恢复。穿紫河船码头段（900m）常水位水面面积从48000m²增加到55000m²，在水位1m的变幅下，可增加7000m³的调蓄容积。

②硬化广场和道路的雨水均导入植草沟进行传输、净化（图5.51），净化后通过盲管收集排入水体，园区内无需敷设雨水管网。

图5.50　生态驳岸实景照片

图5.51　植草沟（雨水收集过程）断面示意图

图5.52　生态浮岛实景照片

（4）生态浮岛建设

生态浮岛设置在水体流速较低的河湾区域，以及排水泵站排水口附近区域，以增强水体净化功能，其面积大小依据水域面积和景观来考虑，其建设成效如图5.52所示。

（5）活水保质

现状补水水源为集水区的雨水，雨水净化后排入河道。根据计算，若仅通过雨水补给，雨季水系换水可充分保障，而旱季换水则时间过长，穿紫河各段不同季节换水周期见表5.13。

穿紫河西与穿紫河中的换水周期计算表（单位：天）　　表5.13

河段	雨季（4—9月）	旱季（10月至次年3月）
穿紫河西	10.2	174.8
穿紫河中	8.8	91.9

通过江北污水处理中心尾水补水，穿紫河换水周期提升到30.80天。为缓解旱季换水周期过长的问题，同时恢复城市历史水系，规划连通常德西面的渐河，收集河洑山的雨水，利用地势高差，自流排入新河水系，经丁玲公园，补给入穿紫河。在适宜的水位下，也可以通过柳叶湖向穿紫河东段补水。

5.3.4　新河流域黑臭水体治理方案

5.3.4.1　技术路线

新河黑臭水体治理总体技术路线与穿紫河大致相同，所不同的是对丹洲区域的农业面源污染的控制。针对新河的污染源及开发建设状况，提出新河黑臭水体治理的技术路线：

（1）完善污水系统，消除污水直排。

（2）新开发区域应严格规划管控，落实低影响开发要求。

（3）建设生态处理系统，处理丹洲进入新河的农业面源污染。

（4）建设生态滤池，处理岩坪、聚宝、刘家桥、甘垱机埠的初期雨水。

新河流域黑臭水体治理方案如图5.53所示。

5.3.4.2 农业面源控制方案

新河上游的汇水区包括丹洲区域，该区域为农业区域，西到渐河，南到沅江。该区域污染物以有机物、氮和磷化合物污染为主。考虑到农业面源污染浓度相对较低，且该区域开发强度低，水系发达，规划改造和利用现有水面和湿地，以改善新河水质。规划在桃花源路以东的区域内，利用现有的水池连接形成四座沉淀池和一处净化设施，生态湿地规划图如图5.54所示。

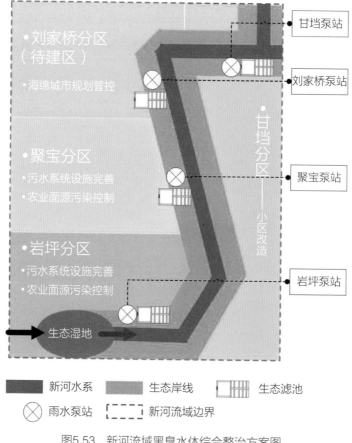

图5.53 新河流域黑臭水体综合整治方案图

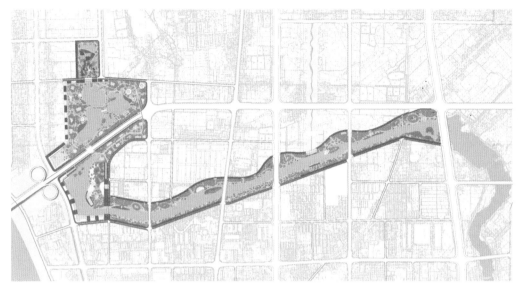

图5.54　生态湿地规划图

枯水期的水流（流量在2m³/s以下）送到滤池区，进水先流过滤池，然后依次进入四个池塘，再流过金丹路。

当流量大于2m³/s时，水将越过堰，不再进入滤池而直接送到池塘。送入的水与从生态滤池过来的水流混合，再依次通过多个池塘。通过在新河上游水域设置调蓄空间，可以让生态滤池和池塘的来水均匀，这样有助于提高净化效果。

滤池合理分区，使从新河截流过来的水依次流过各个分区，尽量增加水力停留时间。生态滤池种植多种沼泽植物，分为带沼泽植物的浮游岛和直接扎根池底的植物。在30.60m的常水位时，水深在0.4m到1m之间变化，根据种植植物对水深的不同要求确定。不同植物区内种植不同高度的植物。植物高度从几厘米到3.5m不等（如芦苇）。各个植物区的间隙是水流的主道，水深约为2m，该水深是为了防止植物生长而设定的。

当流量小于2m³/s时，沉淀池可作为生态滤池的后续工艺；当水量较大时，水直接送到沉淀池。通过河岸线和池底的结构设计，以达到最大的停留时间，让尽可能多的悬浮物沉淀出来。通过限流设施，限定出水速度，实现最大效率的物质沉淀。

对新河洪水汇入区域设计一个加深的沉淀区域，定期进行清淤。新河水源净化池塘利用自然机理，生态滤池和沉淀池的水量分配通过闸门实现。在进水和出水区域，需要设闸和调蓄装置，以便调控各个池塘，并能暂停运行。

为了维持设施的有效运行，须去除沉淀的悬浮物和生物吸收的营养物质。营养物质的去除相对简单，只要将滤池中的植物去除，并将其运走即可。可根据需要对沉淀区进行清淤，主要沉淀区域集中在生态滤池的入水区和第一个沉淀池中新河入口处变宽的区域，池深设为2.5m，为沉淀物提供存储空间。当该空间沉淀物较多时，可以使用挖土机或者抽泥泵进行清淤。

5.4

城市内涝治理方案

5.4.1 治理目标与策略

消除试点范围内内涝积水点，即30年一遇24h降水189.83mm不发生内涝灾害。当发生30年一遇暴雨时，一般道路积水深度超过15cm的时间不超过30min且最大积水深度不超过40cm。

常德市地势平坦、水系发达，城市受外洪与内涝的双重威胁。通过构建内、外环水系，减少外洪入城，降低外洪对城市的威胁；内环水系通过增加调蓄空间，提升调蓄能力，夯实内河排涝泵站能力，确保汇水分区达到蓄排平衡；排水分区内对关键排水管段进行改造，提升管网排水标准；改造排水分区雨水排口泵站机埠，增强泵站抽排能力。

江北中心城区整体地势南高北低，西高东低，城市内部水系将江北中心城区分为3个汇水分区，其中新河、护城河地势较高，高程一般在33～35m，穿紫河流域地势最低，高程一般在31～33m，略高于中心城区河道常水位（30.6m）。由于地势较低，常德市各排水分区排水以泵站抽排为主。

由于地势高低、城市内涝成因各异，各分区采取不同的内涝治理策略（图5.55）。老城区（护城河流域）地势较高，坡度适宜，内涝的主要成因是部分小区、道路无雨水管，导致内涝积水。因此，该区域内涝防治的主要策略是接顺城市排水管网，理顺管网排水通道。

穿紫河流域内涝主要成因是城市管网和泵站不达标，加上穿紫河河堤高于地面，穿紫河流域无法构建基于城市道路的雨洪排泄通道，且还面临柳叶湖、新河等河流的外洪风险。穿紫河流域为中心城区，建筑多在20世纪90年代以后，有较好的海绵城市改造的基础，因此LID设施是提升管网排水标准的重要措施。穿紫河流域的内涝治理策略为管网及泵站的运营维护及提标改造、源头低影响开发系统建设、水系改造（蓄排平衡）、应急除险和外围洪水防治。

新河流域地势总体较高，内涝积水点主要存在于局部地势较低区域，由于其排水

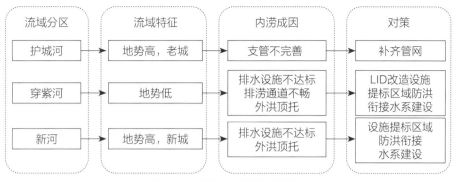

流域分区	流域特征	内涝成因	对策
护城河	地势高，老城	支管不完善	补齐管网
穿紫河	地势低	排水设施不达标 排涝通道不畅 外洪顶托	LID改造设施 提标区域防洪 衔接水系建设
新河	地势高，新城	排水设施不达标 外洪顶托	设施提标区域 防洪衔接 水系建设

图5.55　常德市内涝治理策略

系统以强排为主，其内涝积水问题与排水设施能力不足有关，如桃花源路。洪水顶托也是暴雨内涝的重要成因，暴雨期间，新河渠向北流，花山河向南流，导致新河水位上涨，外洪顶托，桃花源路被淹。因此，新河的内涝对策主要为排水设施提标、水系改造（蓄排平衡）、外围洪水防治。

在具体的治理措施上，以解决内涝积水为导向，以排（汇）水分区为基本单元，基于现场调研、模型模拟，统筹分析内涝积水点的原因、积水量，因地制宜地制定出切合常德市实际情况的解决措施，以实现"小雨不积水（2年一遇2h52.03mm）、大雨不内涝（30年一遇24h189.83mm）"的目标。

5.4.2　内外环水系构建

依托沅江、渐河、马家吉河、柳叶湖等构建城市外环水系，其功能定位为城市周边洪水行泄通道。城市内部水系如穿紫河、新河、护城河为城市内环水系，其功能定位为城市景观与排涝水体。汛期城市外环水系将外洪排走，内环水系通过水系调蓄、排涝泵站调蓄排泄涝水；非汛期，城市外环水系通过关键节点补给内环水系，维持城市内环水系生态流量。

规划建设花山闸与柳叶湖闸，成为衔接内环水系、外环水系的关键节点。通过这两个闸的建设，完善内环与外环水系的关系，削减外环水系进入内环水系的洪水流量（图5.56、图5.57）。花山闸位于新河水系下游，距离新河河口80m，水流流向自南往北，河道总宽160m，防洪堤堤顶高程34.8m，是坝、桥、闸、路合一的综合枢纽工程，为保证枯水期新河水系的正常景观水位、水质，新河水系枯水季通过闸的换水量为3.1m³/s，并维持新河水位30.6m；在汛期防止花山河洪水倒灌新河并兼顾新河水系排涝。

柳叶湖闸位于柳叶湖环湖路和太阳大道的交汇处，连通柳叶湖与姻缘河。柳叶湖

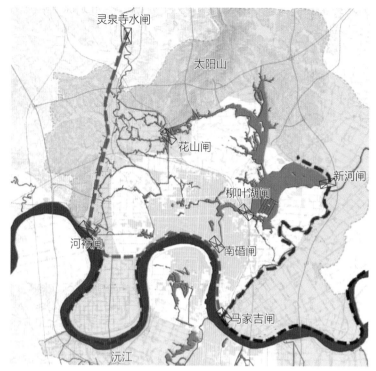

图5.56 花山闸和柳叶湖闸

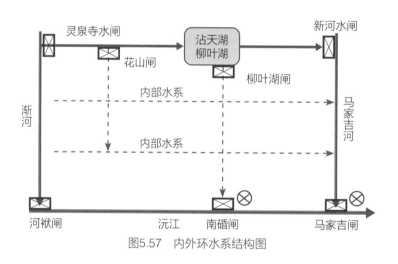

图5.57 内外环水系结构图

闸由上游引航道、上闸首、闸室、下闸首、消力池、下游导航段、闸上交通桥、闸两岸连接土坝8部分组成,是桥闸合一的工程,闸址控制集雨面积330.1km²。项目设有排水节制闸和船闸:利用排水闸泄流调节柳叶湖水位;利用船闸克服水位落差,确保游船安全通行,科学地解决了柳叶湖和穿紫河在汛期存在水位差时的通航和防洪问题。船闸设计一次性通过4艘游船,每天可搭载游客2500人,通航净高为3m。

5.4.3　汇水分区内涝整治方案

5.4.3.1　技术路线

通过内外环水系的构建，基本消除了外洪入城影响城市安全的问题。在城市内环水系中，基于汇水分区，采用多层级措施，构建城市内涝整治方案。一是汇水分区蓄排平衡。基于蓄排平衡分析，确定调蓄、排放的规模，确定河道建设、排涝泵站建设规模。二是排水分区优化。针对部分面积过大的排水分区，如船码头排水分区，或者在建设过程中违反排水专项规划导致面积调整比例较大的排水分区，如余家垱排水分区，通过建设关键管网，调整排水分区范围，原则上应符合排水规划，确保穿紫河沿岸9个泵站对应的排水服务范围、排水管网的敷设基本符合排水专项规划，且排水分区面积较为合理，平均每个排水口的服务面积宜为3～4km²。三是内涝积水点一点一策。统筹排水分区优化、源头减排、过程控制等措施，一点一策，综合治理内涝积水点。具体如图5.58所示。

常德30年一遇的设计暴雨降水量为189.83mm，根据常德市海绵城市模型模拟，通过海绵城市建设，源头可控制33.2mm。城市内河水系调蓄：穿紫河面积1.46km²，按调蓄深度1m计，可调蓄58.93mm。还需通过南碈排涝泵站排往沅江97.7mm。

5.4.3.2　排涝泵站核算

常德穿紫河的排涝泵站为南碈泵站，根据《湖南省南碈排涝工程更新改造初步设计报告》，更新改造前装机为5台4000kW，设计流量38m³/s，通过更新改造和扩机，目前装机容量为7台7000kW，设计流量54.5m³/s。按逐小时排除法计算排涝（抽排）

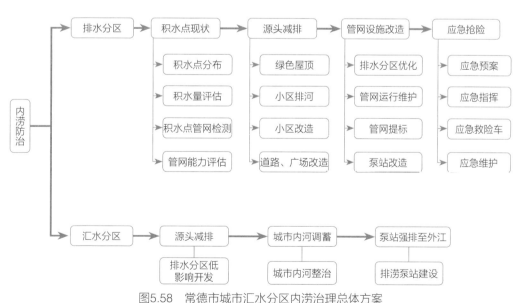

图5.58　常德市城市汇水分区内涝治理总体方案

模数，核算河道蓄排面积；设计流量计算公式为：

$$Q = q \times A$$

$$q \geqslant \frac{P_1 \times \varphi \times F + P_2 \times \varphi \times F + P_3 \times \varphi \times F + \cdots + P_i \times \varphi \times F - hF_w}{3.6iF}$$

即：

$$F_w \geqslant (P_1 \times \varphi + P_2 \times \varphi + P_3 \times \varphi + \cdots + P_i \times \varphi - 3.6 \times i \times q) \times F / h$$

式中：Q——排涝泵站设计流量

q——设计排涝（抽排）模数 $\left[(m^3/s)/km^2 \right]$

A——排涝面积（km^2）

P_i——连续出现净流量大于抽排量的各时段暴雨量（mm）

φ——长历时径流系数，取0.8

i——连续出现暴雨量大于抽排量的时段数（h）

F——排涝区面积（km^2）

F_w——排涝区可利用的调蓄水体面积（km^2）

h——排涝区可利用调蓄水体水深（mm）

h为1000mm，φ取0.8，F为护城河流域与穿紫河流域面积，合计30.97km^2，降雨历时采用新编的长历时30年一遇暴雨雨型。

i即连续出现暴雨量大于抽排量的时段数（h），可以根据南碚泵站排涝能力和暴雨强度公式推算对应的小时降水量，约为8.2mm。根据暴雨雨型，大于8.2mm的时段数为3h，因此i取3。通过计算，确定调蓄水体面积应大于或等于1.46km^2。

5.4.3.3 河道水系整治

整治穿紫河、护城河、长港水系、夏家垱水系、竹根潭水系等穿紫河流域城市内河水系，发挥水体的调蓄与净化作用。

恢复护城河，整治屈原公园、滨湖公园护城河流域水面，发挥水体的调蓄作用。恢复穿紫河、白马湖公园、丁玲公园、沙港水系、长港水系，发挥水系的调蓄作用。确保穿紫河水面（含白马湖公园、丁玲公园水面）面积达到1.46km^2，调蓄水深达到1m。

河道整治内容包括：清理河道及沿岸垃圾，清理被占用驳岸；按规划蓝线整治河道、恢复被填埋的水系，按照绿线划定范围建设滨河绿地；按照规划河底标高清淤，拆除违建阻水构筑物，增加内河调蓄容量和过水能力。

已建设河道按规划河底标高要求进行清淤。通过降低滨河绿地高程，增加内河调蓄容量和过水能力。结合排涝泵站的升级改造，在给定的排涝能力条件下，通过蓄排平衡分析，确定河道扩宽、挖深规模。穿紫河流域整治河湖图如图5.59所示。

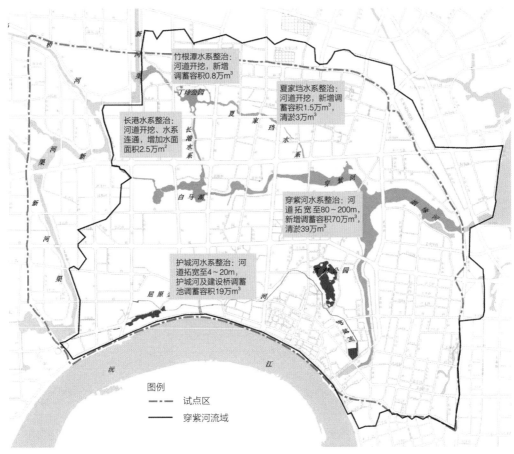

图5.59　穿紫河流域整治河湖图

穿紫河流域河道整治工程见表5.14。

穿紫河流域河道整治工程　　　　　　表5.14

编号	水系	河湖名称	长度/km	宽度/m	整治内容
1	穿紫河水系治理	穿紫河（白马湖桥—姻缘桥—建设桥）	8.47	30~100	河道拓宽至80~200m，新增调蓄容积70万m³，清淤39万m³
2	护城河水系治理	护城河	5.4	4~20	河道拓宽至4~20m，护城河及建设桥调蓄池调蓄容积19万m³
3	长港水系治理	长港水系	0.78	>15	河道开挖、水系连通，增加水面面积2.5万m²
4	竹根潭水系治理	竹根潭	0.77	30~200	河道开挖，新增调蓄容积0.8万m³
5	夏家垱水系治理	夏家垱	1.97	25~40	河道开挖，新增调蓄容积1.5万m³，清淤3万m³

对穿紫河水系、护城河水系、长港水系、竹根潭水系，以及夏家垱水系综合整治后，穿紫河流域水系的调蓄面积略大于1.46km²，调蓄容量略大于146万m³，满足蓄排平衡。

5.4.3.4 一点一策

（1）内涝积水点现状

穿紫河流域共有8个排水分区，本次选取其中一个排水分区（柏子园）进行一点一策研究。柏子园排水分区属于穿紫河流域，现状内涝积水点2处，各内涝积水点积水量及成因见表5.15。

柏子园排水分区现状内涝积水点及成因统计表　　　　表5.15

编号	内涝点位置	积水量/m³	成因
1	洞庭大道（武陵大道至朗州路路段）	3076	排水管堵塞，排水能力不足
2	惠民新村	1608	排水管不畅，排水能力不足

以2年一遇降水为输入，采用排水模型评估现有管网的排水能力，现状柏子园排水分区管网排水能力见表5.16。

柏子园排水分区现状管网排水能力评估表　　　　表5.16

排水标准	小于2年一遇	大于2年一遇
比例/%	52.27	47.73

对比现状内涝积水点和排水管网排水能力（图5.60），可发现管网排水能力不达标是内涝的一个重要原因。

（2）管渠设施提标

①内涝积水点管网维护

针对洞庭大道的积水问题，采用CCTV检测技术对该路段管道进行彻底的体检（图5.61~图5.64），对该区域的整个管道进行系统清淤疏通。加大雨季巡查力度，在极端天气下，对重点区域安排专人蹲点巡查，并安排安全护栏、警示标志等内涝物资。

为加大排水能力，对洞庭大道与武陵大道交叉口埋设DN1500雨水管，并打通洞庭大道与武陵大道的排水管径卡点，确保上游雨水顺利下排，工程具体见表5.17。

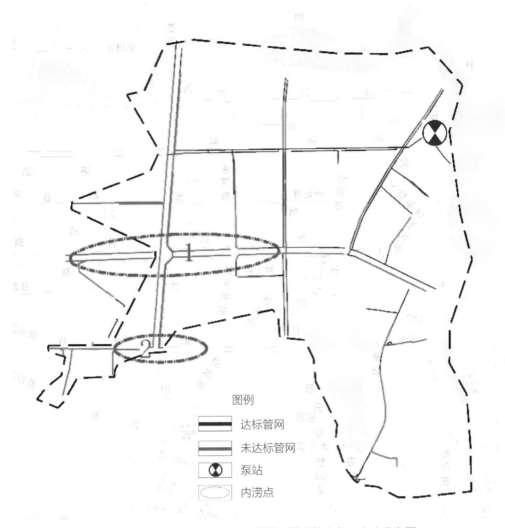

图例

━━━ 达标管网

━━━ 未达标管网

⊗ 泵站

⬭ 内涝点

图5.60 柏子园排水分区现状管网排水能力与积水点分布图

图5.61 管道内大量渗水喷射

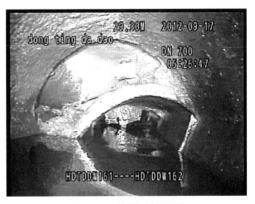

图5.62 管道破损严重

图5.63 管道内大量建筑垃圾

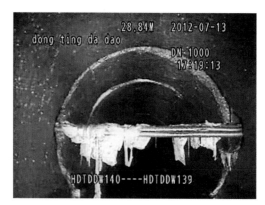

图5.64 管道内异物穿入

雨水管网维护工程列表 表5.17

编号	名称	改造标准
1	洞庭大道	新建DN800污水管135m
2	洞庭大道与朗州路交叉口西北角	新建DN1500雨水管320m

②管网及泵站提标改造

结合积水点分布、管网排水能力及道路建设，对洞庭大道、滨湖路等道路的市政雨水管网进行改造，如图5.65所示。

考虑到柏子园雨水泵站老化等问题，改造柏子园雨水泵站，泵站达到设计排水能力。

（3）源头减排措施

根据小区、道路、屋顶建设条件，确定柏子园排水分区源头低影响开发建设项目，并根据小区位置、地理高程，确定小区雨水是否排放到市政管网。本排水分区内规划源头小区改造项目33个，道路改造2条，绿色屋顶6处，源头减排项目如图5.66所示。

（4）改造效果评估

采用模型对管网排水能力和内涝积水点的积水量进行改造效果评估，评估结果见表5.18。

柏子园排水分区规划管网排水能力（达标率）评估 表5.18

分区	现状	管渠建设	低影响开发
柏子园分区/%	47.73	60.62	61.02

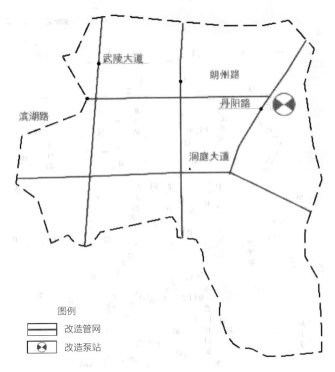

图5.65　柏子园排水分区管网改造规划图

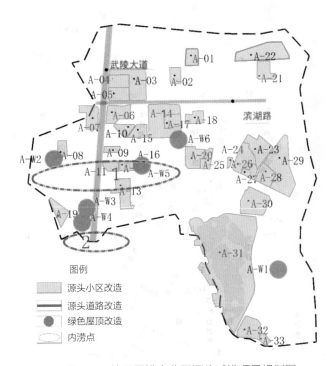

图5.66　柏子园排水分区源头减排项目规划图

柏子园排水分区内涝整治效果评估表（单位：m³）　　表5.19

编号	分区	内涝点位置	积水量	优化分区	管渠建设	低影响开发
1	柏子园	洞庭大道（武陵大道至朗州路路段）	3076	2720	0	0
2		惠民新村	1608	0	0	0

　　根据模拟结果，通过上述规划措施，柏子园排水分区可以消除内涝积水点（表5.19）；管网达标率也有显著提升（图5.67），由47%提升到61%。

图5.67　柏子园排水分区规划管网达标率评估图

5.5

试点成效

5.5.1 消除城市黑臭与内涝

2019年，常德市城区主要黑臭水体消除，城内各水体水质达到地表水标准Ⅳ类以上，城市的16个内涝积水点也已经消除。穿紫河从过去市民避而远之的臭水沟，变成了如今市民休闲娱乐的风光带（图5.68、图5.69）。

水系生态环境也因生态治理措施与水质的提升，发生了巨大的变化。曾经发黑、发臭，沿岸鱼鸟绝迹的水体，随着生态环境的改善，河湖中动植物数量有了显著增长，重现了昔日水鸟成群的景象。水中的生态浮岛，长满挺水植物和沉水植物的水系驳岸，则是鸟类、鱼类、两栖类的家园。穿紫河生态多样性得到恢复和保护（图5.70）。

水安全大幅提升。在17个汇水区源头大量新建和改造LID雨水设施和排水设施，

改造前的水系和土堤

改造后的水系和生态驳岸

图5.68 穿紫河船码头段水系和驳岸改造前后对比

运行前拍摄，2014年7月17日

运行两年后拍摄，2016年10月14日

图5.69 穿紫河船码头段咖啡馆处水质对比图

图5.70　水系生态环境得到改善的穿紫河

退田还湖、内外环水系构建减少了外洪对城市的冲击，城市内河整治扩大雨水调蓄空间，实现精准控制城区水体水位，"城市看海"现象已经成为过去，有效保障了水安全。

5.5.2　历史文化得到传承

常德市先后修复并建成了老常德时期代表码头文化的麻阳街、河街、老西门等一批展现常德历史文化、风格多样、内涵丰富的水文化载体群落。在老西门建造了常德丝弦剧场，挖掘整合常德丝弦、花鼓戏两项非物质文化遗产，传统艺术历久弥新。新建德国风情街，让北德风格的建筑落户在穿紫河畔，成为常德的对外之窗。婚庆产业园、金银街等特色商业街，使老常德的内河码头文化、商业文明得到传承（图5.71、图5.72）。

图5.71　常德河街　　　　　　　　　　　图5.72　常德老西门商业街

5.5.3 水与城市融合发展

常德市在海绵城市建设中注重融入大量旅游元素，赋予其城市景观、生态廊道、旅游休闲等新功能，先后打造形成的柳叶湖环湖景观带、穿紫河水上风光带、德国风情街、大小河街、老西门历史文化街等一批海绵城市亮点项目，目前已成了炙手可热的旅游打卡地。

数据显示：穿紫河水上巴士（图5.73）运营以来，短短7个多月累计接待游客超5万人次，实现门票收入约1000万元；"常德欢乐水世界"开园2年累计接待游客近122.1万人次，门票收入1.53亿元。2016年，常德市海绵城市建设助推旅游效果显著，全市接待国内外游客4048万人次，同比增长25.7%；旅游综合收入318亿元，同比增长25.7%。2017年农历正月初二，中央电视台在黄金时段向全国特别推介了穿紫河·河街夜景风光。

随着环境提质进行的城市开发，带来土地大幅升值，地方经济随之活跃，城市品质得到了提升。以生态水城为定位，经过多年的经营，常德悄然绽放，让人惊艳。2017年5月的中德法治国家对话第十七届法律研讨会，2017年8月的气候适应型城市试点建设国际研讨会等多个国际会议在这里召开，城市影响力逐渐增强。

图5.73 停靠在大小河街码头的水上巴士

6

三亚市三亚河流域综合规划

6.1

小流域治理要求及流域概况

6.1.1　小流域综合治理要求

党的二十大报告提出，坚持山水林田湖草沙一体化保护和系统治理，统筹产业结构调整、污染治理、生态保护，应对气候变化，协同推进降碳、减污、扩绿、增长，推进生态优先、节约集约、绿色低碳发展。统筹水资源、水环境、水生态治理，推动重要江河湖库生态保护治理，基本消除城市黑臭水体。此后，国家各个部委在各自领域相继出台了相关的指导意见，以小流域治理统筹推进"五位一体"总体布局。2020年8月，自然资源部办公厅、财政部办公厅、生态环境部办公厅联合印发《山水林田湖草生态保护修复工程指南（试行）》，指导和规范各地山水林田湖草生态保护修复工程实施，推动山水林田湖草整体保护、系统修复、综合治理；2021年12月，国家发展改革委印发《"十四五"重点流域水环境综合治理规划》，为持续做好重点流域水环境综合治理工作指明了方向；2023年2月，水利部、农业农村部、国家林业和草原局、国家乡村振兴局联合印发《关于加快推进生态清洁小流域建设的指导意见》，提出应统筹规划，系统治理，从生态系统整体性和流域系统性出发，以流域为单元，统一规划，分区施策，统筹推进治山保水、治河疏水、治污洁水、产业发展等。

流域作为水循环及其伴生过程完整、独立的自然单元，是水文过程和环境生态功能的连续体，是由自然、经济和社会组成的复杂动态系统，从国际经验来看，欧盟、新西兰等地区和国家已经开始实施以流域为基本单元的管理模式。流域治理必须基于自然规律进行开发利用管控，流域的资源环境承载能力具有上限，违背自然规律过度开发利用将导致流域生态环境恶化，水土流失加剧，水害频发。必须充分认识流域自然生态系统与人类社会经济系统的相互关系，将减少人类活动扰动与发挥流域水循环的天然调节和自我修复作用相结合，加强综合治理，才能达到恢复和改善流域生态环境的目的。流域治理必须和国土空间利用结合起来，2019年，中共中央、国务院发布《关于建立国土空间规划体系并监督实施的若干意见》，确立了我国"五级三类"的国土空间体系，并指出流域作为特定区域应编制专项规划，奠定了流域规划的法定地位。

6.1.2　三亚河基本情况

2022年初，海南省提出"六水共治"（治污水、保供水、排涝水、防洪水、抓节水、优海水）五年攻坚战。三亚市作为"六水共治"的排头兵，成立了治水工作领导小组，制定了《三亚市2022年治水攻坚暨河长制湖长制工作要点》，重点推动三亚河、大茅河、藤桥西河、宁远河、盐灶河、冲会河、大兵河等流域综合治理，围绕幸福河湖+乡村振兴+旅游+文化等主题，打造三亚河国家湿地公园、汤他水、龙江河、抱坡溪等具有地方特色的幸福河湖，增强人民群众的获得感和幸福感。

三亚河是流经三亚市区的主要河流，涉及天涯区与吉阳区两大主要行政区域，北至北鼻岭、南至鹿回头、西至凤凰机场、东至落牙岭，流域总面积341.02km²，全长56.1km，三亚河进入市区后分为三亚西河和三亚东河。三亚西河为主干，全长31.3km，由上游汤他水库—汤他水与水源池水库—六罗水汇流而成；三亚东河为支流，全长24.8km，由上游半岭水库—半岭水与草蓬水库—草蓬水汇流而成。

三亚河山水格局概括为"北侧山峦为屏、东南涓流入海、径养四季田垄、水润鹿城两岸"，涵盖山水林田湖草沙、城、港、村、旅游区等全要素覆盖的特点。

20世纪七八十年代，三亚河流域上游兴修水利，下游港口大力开发，中下游农业生产和居民生活水资源得到保障。随着改革开放，三亚河流域中下游的商贸、旅游、会展等产业逐渐繁荣，人口快速聚集，成了政治经济中心。

三亚市的发展经历了依河建城—以水串城的发展轨迹，近40年由南向北、自河溯源、连片融城的发展历程，见证了三亚市由小渔村到大都市的发展脉络（图6.1）。

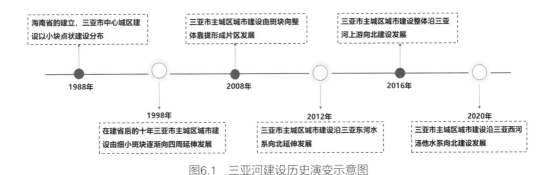

图6.1　三亚河建设历史演变示意图

6.1.3　三亚河流域治理回顾

6.1.3.1　第一阶段：防洪工程建设为主

三亚河第一阶段治理以防洪为主，辅以城市污水收集处理。1998年，三亚市政府利用国债资金，修建了两河河口段1.3km防潮堤工程。1999年以来三亚市政府组织有关单位对三亚市东、西河市区段进行综合整治，特别是三亚市西河新风桥至三亚桥段和东河临春桥至潮见桥段。2001年拆除潮见桥，按100年一遇标准重建，净孔宽150m。通过两河三岸改造，在城市防洪中结合景观休闲功能，使其成为三亚市防洪的典范。随后在2006—2010年又进行了西河干流六罗河槟榔河段治理工程及东河海螺段治理工程建设。

这一阶段开展了城市水环境的初步治理，主要以旱流污水收集处理为主，部分地区进行了雨污分流改造，完成了69处排水口应急整治，基本解决了旱季无污水直排的问题，但雨期污水溢流现象仍较为突出。

6.1.3.2　第二阶段：海绵城市试点

三亚海绵城市试点具有其特殊性，2015年5月，在住房城乡建设部的支持和指导下，三亚市全面启动了"城市双修"工作，海绵城市建设是其中的重点工作。2015年6月10日，住房城乡建设部发函同意将三亚市列为海绵城市建设试点城市。三亚市编制了《三亚市海绵城市建设总体规划》《三亚市海绵城市试点区域控制性详细规划》《三亚市海绵城市建设试点城市实施计划》，出台了《三亚市海绵城市规划建设管理暂行办法》，以此推进三亚海绵城市建设试点的实施。

《三亚市海绵城市建设总体规划》是三亚市海绵城市建设规划管控的纲领性文件，主要内容包括：

（1）分析三亚市自然条件、社会经济水平、水资源、水环境、水生态、水安全、降雨及径流特征、基础设施建设水平及长远建设需求，确定三亚市海绵城市建设的总体目标。

（2）制定三亚市海绵城市建设的系统策略：①大海绵建设策略，对需要保护的生态本底空间进行识别，并提出保护策略；②水环境系统整治策略，针对三亚中心城区水环境污染严重的突出问题，提出生态措施与工程措施相结合的系统治理方案；③低影响开发雨水系统构建策略。

（3）根据海绵城市建设要求，提出三亚市海绵城市实施计划及保障措施。具体如图6.2所示。

《三亚市海绵城市试点区域控制性详细规划》是保证海绵城市控制指标和要求纳入法定规划的重要文件，其主要内容如下：

（1）建立刚性、弹性结合的指标体系：创新性地提出海绵城市建设的控制性与引导性指标，将海绵城市建设目标与要求落实到控规管控体系。

（2）对总规目标的分解：将70%年径流总量控制率目标分解至各汇水分区；结合控制性详细规划的用地方案，将海绵城市控制指标分解至地块，纳入控规图则，具体如图6.3所示。

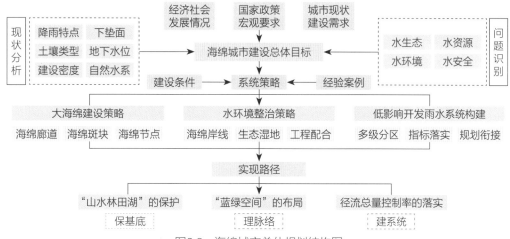

图6.2 海绵城市总体规划结构图

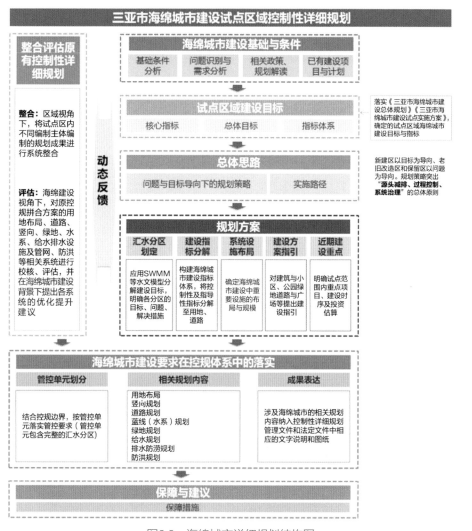

图6.3 海绵城市详细规划结构图

6.2

流域现状评估

6.2.1 水资源短缺

三亚市水资源总量为14.45亿m³，三亚河流域水资源量仅占全市水资源总量的18%，承载全市约40%生活生产及30%农业灌溉用水。现状再生水管网覆盖率低，流域内现状仅凤凰路、荔枝沟路及迎宾路下建设再生水管道，但尚未正常投入使用，再生水利用率低。三亚河流域中部地区现状生活生产及灌溉用水量预计23278万m³/a，水库及再生水可供水量23652万m³/a。根据相关规划测算，三亚河年最小生态需水量2110万m³，三亚西河最小生态基流0.29m³/s，三亚东河最小生态基流0.13m³/s。现状供水仅够满足生活生产及农业灌溉用水，无法保证河道生态补水。随着城市的进一步发展，流域内水资源供需矛盾将进一步加剧。

6.2.2 水生态有待提升

上游生态本底较好，但受芒果等农业种植地及人为活动影响，局部存在水土流失与污染现象；中游旱季生态水量严重不足，生境偏差，受农业及村庄生活污染较大，河道淤积、断面狭窄，整体水系连通性较差，水系廊道受阻，除六罗水外，生态岸线整体较好，但驳岸景观杂乱；下游赶潮河段由于潮水补水生态水量较充足，管控措施较完善，生态环境有所提升，红树林恢复良好，但水系岸线受历史开发建设影响，侵占、硬化现象较为严重，城区部分湿地退化。各河流水生态统计见表6.1。

三亚河流域水系廊道物理形态、重要生境统计表　　　表6.1

河流	河长/km	河湖物理形态					重要生境	
		纵向连通性			生态岸线		重要水生生境保护状况及存在问题	湿地保护状况及存在问题
		阻隔个数	连通性指数	评价结果	硬化护坡护岸堤防长度	生态岸线比例/%		
汤他水	17.9	2	0.11	差	3.3km	82	中，人为干扰少	中，河流湿地受到一定干扰
六罗水	7.8	12	1.5	劣	6.7km	14	差，河流连通性差	中，河流湿地受到一定干扰
半岭水	5.5	1	0.18	中	基本无硬质堤岸	100	差，河流连通性差	中，河流湿地受到一定干扰

河流	河长/km	河湖物理形态					重要生境	
		纵向连通性			生态岸线		重要水生生境保护状况及存在问题	湿地保护状况及存在问题
		阻隔个数	连通性指数	评价结果	硬化护坡护岸堤防长度	生态岸线比例/%		
草蓬水	12.4	1	0.08	良	基本无硬质堤岸	100	中，人为干扰少	良
抱坡溪	2.9	1	0.34	差	基本无硬质堤岸	100	差，水质污染	差，河流湿地受到一定破坏，水质污染
三亚东河	10.5	0	0.00	优	1.1km	90	中，白鹭、红树林栖息地	中，河流湿地受到一定干扰
三亚西河	6.7	0	0.00	优	2.3km	66	中，白鹭、红树林栖息地	中，河流湿地受到一定干扰

6.2.3　存在洪涝威胁

三亚市属热带季风气候，受台风和暴雨的影响易形成局地洪涝，具有短历时降雨强度大的特点。2000年之前，洪涝灾害并不频繁，但随着城市开发建设，近年来，洪涝灾害情况时常发生。根据水利志记载，近20年遭遇近10次重大洪涝灾害，最近一次在2022年7月22日，遭遇近30年最大降雨，流域范围发生10处主要内涝积水。内涝积水点分布见图6.4红色部分。

三亚河流域洪涝灾害主要成因为：

（1）上游水库防洪调蓄能力有限：调蓄库容仅占总库容的20%。

（2）中上游水系连通性较差，河道行洪断面不能满足治导线要求。

（3）下游城区排水管网能力不足，低于1年一遇管网高达65%（积水成因30%）。

（4）城区周边山水入城，排放通道受阻，现有管网未考虑山水流量（积水成因45%）。

（5）排口淹没出流导致顶托（积水成因15%）。

（6）管网系统日常维护管理及应急处理能力不足（积水成因10%）。

内涝成因实景见图6.5。

通过水文模拟软件模拟，结合治导线规划成果综合分析，明确水系主要径流廊道、雨洪内涝风险区域。

图6.4　流域中下游城区内涝主要历史积水点图

图6.5　流域中下游城区内涝主要成因实景图

图6.5 流域中下游城区内涝主要成因实景图（续）

图6.6 内涝风险分布示意图

洪水淹没风险区主要集中在汤他水中下游段、东河上游段及半岭水及河口区域。内涝积水区域集中在下游城区，除水系湿地区域外基本同历史积水点吻合，重点分布在南边海渔村区域、下洋田区域、临春龙岭路区域、嘉宝花园区域、凤凰路迎宾路交叉口及凤凰路下段区域、荔枝沟路及落笔洞路交叉口区域、海螺南部区域、工业园路海润路等。内涝风险分布见图6.6。

6.2.4 水环境质量波动较大

目前市级水系黑臭水体已全面消除，但部分农村存在黑臭水体。上游整体水质较为良好，下游城区河段水质波动相对较大。根据省环保厅数据，三亚河中下游妙林、月川桥等断面，水质从2022年1—3月旱季Ⅳ类、Ⅲ类下降到2022年5月雨季Ⅴ类、Ⅳ类。中下游以生活点源（占该段污染负荷的36%~60%），农业、城市面源（占该段污染负荷的21%~40%）为主，具体原因如下：

（1）市政道路虽均为雨污分流制，但局部小区、城中村合流、错接混接的现象较为严重（三亚河流域中下游区域合流制区域共计27处，731hm²；下游中心城区市政道路存在雨污混错接点2076个，25处雨水排水口存在末端截流；约20个雨水排水口被封堵），导致雨季荔枝沟红纱污水处理厂进水BOD不到60mg/L（住房城乡建设部治理要求大于100mg/L），污水处理厂进水浓度低，雨季溢流污染严重，城市生活污水集中收集率过低，仅为45%。

（2）中上游农业面源污染尚未控制，管理模式较粗放，灌溉水混合生活污水通过田间沟渠最终排入三亚河，根据三亚市河长办每月的《18个监测断面污染源治理情况工作报告》及规划用地情况，流域重点灌区通过沟渠进入主要农业面源污染区域5处，面积约1000hm²。

（3）城区初期径流污染尚待解决，初期雨水径流中含有大量的有机物、病原体、重金属、油等污染物，降雨径流中所携带污染物几乎都集中在5~8mm初期雨水中，对地表水造成严重污染。流域下游城区现状建成区比例较高，面源污染较为严重，海绵城市覆盖度低，仅试点改造40个小区，且设施运行维护不到，连片效应较差；下游建成区可渗透面积占比仅为28.5%，初期雨水径流污染已经成为三亚河下游城区段重要的污染源之一。

6.2.5 水城融合发展有待加强

水景观利用方面，水岸联动有待提升。流域内蓝绿空间缺乏连通，尤其是城市公园、滨水绿地之间的连通性不足；流域内红树林以保护为主，科普、教育开发利用不足。

水文化开发方面，水文化挖掘有待加强。三亚河作为三亚市的母亲河，承载着三亚市千年发展史，见证了三亚市从一个小渔村向国际旅游城市和国际自贸港的发展。但三亚河的历次整治和沿线项目建设过程中，对母亲河文化挖掘、展示和利用总体处于较低水平。

土地利用方面，土地利用与河道治理、管控存在一定的冲突。土地利用存在不同程度侵占河流治导线的情况，影响行洪安全。通过对"三调"和国土空间规划用地情况进行梳理，发现流域内"三调"用地侵占治导线167处，多规（三亚市"多规合一"规划）用地侵占治导线61处。

6.3
流域治理
规划目标

围绕三亚河流域"水清岸绿生态兴、连山通海润鹿城"的规划定位，以生态文明为指导，系统构建生态环境治理体系，推进三亚河流域"六水共治"，实现水清岸绿高质量发展和生态产业化与产业生态化的转换；以水为纽带，联系山、海、河、林、田、城、村等资源要素，将三亚河水脉、水文化、地域文化融入城市空间，构建美好三亚鹿城家园，展示山、海、河、城、村多元互动的小流域。按照水资源、水生态、水安全、水环境、水管理5个类别，构建24项定量指标体系，具体见表6.2。

流域治理规划指标表　　　　　　　　　　　　表6.2

类别	序号	指标	2025年	2035年
水资源	1	供水普及率/%	≤97	≤99
	2	供水管网漏损率/%	≤9	≤8
	3	污水资源化利用率/%	≥25	≥30
	4	雨水资源化利用率/%	≥5	≥8
	5	生态用水保障	满足最小生态需水量	满足适宜生态需水量
水生态	6	内河水系生态岸线比例/%	≥70	≥80
	7	天然水域面积变化	不减少	有所增加
	8	城市开发区新开发建设项目年径流总量控制率/%	≥70	≥70
	9	城区可渗透地面面积比例/%	≥45	≥55
	10	重要河湖湿地保护率/%	≥95	≥97
	11	水土流失面积占流域面积的比例/%	≤3.5	≤3

类别	序号	指标	2025年	2035年
水安全	12	防洪标准	主要城区防洪按50~100年一遇标准设防；非主要城区防洪按20~50年一遇标准设防；草蓬水防洪按10年一遇标准设防	主要城区防洪按100年一遇标准设防；非主要城区防洪按50年一遇标准设防；草蓬水防洪按20年一遇标准设防
	13	防潮标准	100年一遇	100年一遇
	14	内涝防治标准	30年一遇	50年一遇
	15	建成区内涝防治标准达标率/%	≥65	≥95
	16	建成区易涝点消除比例/%	≥70	≥90
水环境	17	水功能区水质达标率/%	≥90	≥95
	18	地表水考核断面水质优良率/%	≥95	≥97
	19	集中式饮用水水源地水质达标率/%	100	100
	20	城镇内河（湖）水体水质	水质达到或优于地表水Ⅳ类，全部消除黑臭水体	水质达到或优地表水Ⅲ类
	21	城镇生活污水集中收集率/%	≥70	≥85
	22	城市开发区新建项目雨水年径流污染物（以SS计）总量削减率/%	≥60	≥60
水管理	23	流域智慧水务信息化管理	建立流域监测体系、调度体系，纳入智慧水务信息平台，并进行业务综合管理	流域综合信息管理平台全面支撑精细化治理
	24	河道河口保护、管理范围线制度完善	完善河道河口保护、管理范围线制度，划定河道河口及水系湿地保护管理范围线，保护管控长期有效	

　　围绕管住水、护好岸的整体原则，按"大流域统筹规划、小片区单元治理、全流域智慧管理"的治理理念，深入推进流域系统治理。坚持生态导向、六水共治，由陆至水、综合整治，协同联动、创新发展，产业导入、综合运营，长效评估、持续发展的治理路径，从流域的角度对三亚河进行系统的治理、保护。

　　流域治理分三个阶段，第一阶段解决治水的问题，打造水清岸绿景美的画卷；第二阶段整治与提升人居环境，保护山水人文格局；第三阶段积极策划导入一批产业并实施运营。前两个阶段由政府投入，实现土地提质增效，第三个阶段实现资金自平衡并盈利，是前两个阶段可持续发展的重要手段。发展路径见图6.7。

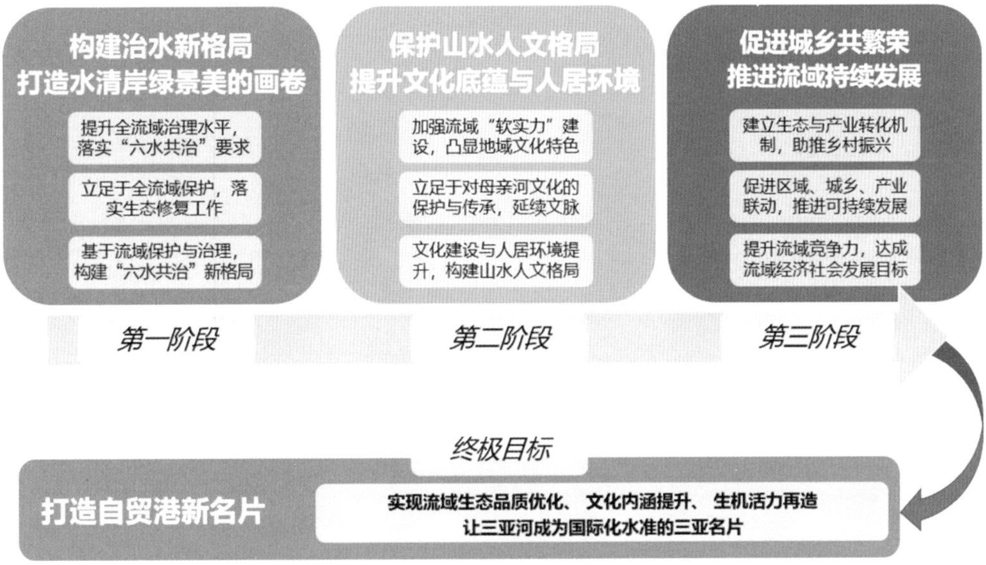

图6.7　流域治理路径图

6.4

水生态保护
与修复

6.4.1　水生态安全格局构建

　　识别区域内山水林田湖等重要的自然生态要素，识别交通网络、土地利用、开发需求等建设要素，结合山地、河流、坡度、坡向、高程等地形地貌要素，基于国土空间规划"双评价"和"三区三线"（"三区"是指城镇空间、农业空间、生态空间三种类型的国土空间。"三线"分别对应在城镇空间、农业空间、生态空间划定的城镇开发边界、永久基本农田、生态保护红线三条控制线）成果，划定生态敏感区域和各类保护区域，构建生态安全格局（图6.8）。

　　通过对基质、斑块、生态节点、河流廊道、山脊廊道等分析和叠加，构筑斑块密布、基质连通、廊道贯穿的水生态安全格局（图6.9）。

　　以生态功能为基础，坚持人与自然和谐共生，以生态保护重要性为依据，构筑"一心二廊多带多点"的水生态安全格局（图6.10）。

　　一心：北部水源涵养区，建设热带生态公园；

◆ 识别自然生态要素，明确水系生态保护重点

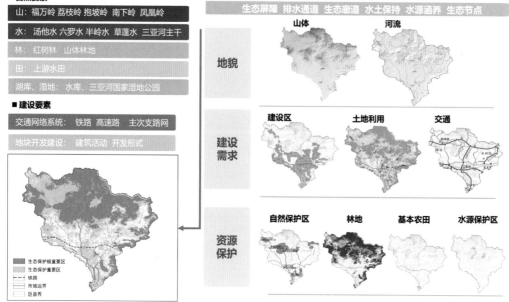

图6.8　生态安全格局构建示意图

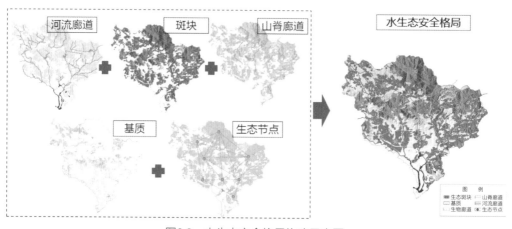

图6.9　水生态安全格局构建示意图

二廊：两条山海生态绿廊，包括"凤凰岭—南边岭—鹿回头岭""林鼻岭—高岭—马岭"；

多带：三亚河汤他水、六罗水、半岭水、草蓬水及其他支流水系以及需要管控的二级、三级径流；

多点：8个市级公园、4个郊野公园、鹿回头风景区及港口、三亚河国家湿地自然公园、福岭森林公园、临春岭森林公园。

图6.10　水生态格局示意图

　　划定水源涵养区、生物保持区、农业生态管控区、复合功能区等四个区域，保护水生态安全格局。水源涵养区主要位于流域上游区域，该区段紧邻水库和山体，人类活动相对较少，自然生态环境本底好，以水源涵养和生物多样性保护为主。生物保持区位于流域的中上游，属于村庄集中区段，具体到三亚河流域，则是位于汤他水海南环线高速—凤凰路段、六罗水海南环线高速—水城路段、半岭水局部河段和草蓬水局部河段。农业生态管控区位于流域的中下游，一般河岸空间较为开阔，基本保留河岸自然形状，两岸以农田和果林地为主，农业面源污染较重，具体到三亚河流域，则是位于汤他水汤他水库—海南环线高速段、六罗水水源池水库—海南环线高速段、草蓬水和半岭水区域。复合功能区一般位于流域下游段，该区位于城市中心城区内，人为活动多，是集生态、景观、休闲、防洪排涝建设于一体的综合区域。

6.4.2 河流廊道定级与管控

6.4.2.1 河流廊道分级规划

根据水系汇流关系，将三亚河各水系分为一、二、三级水系廊道（图6.11），确定不同的管控措施。

一级径流廊道包括三亚东河、三亚西河、抱坡溪、汤他水等，为三亚河主要的河流水系。该级廊道严禁侵占、破坏，并应结合蓝线、治导线管控要求与管控距离严格管控。

二级径流廊道为山谷、水库周边汇流主通道、城区山岭、低洼汇流主通道等。该级廊道原则上予以保留，后续城市建设开发时，可结合通道新增水系、湿地或建设排涝沟渠。

三级径流廊道以自然水文汇流通道为主，原则上予以保留，后续城市建设开发时应保留原有径流通道排水，但可结合用地规划情况适当调整，可布置道路、绿地构建行泄廊道及排涝管渠。此类径流廊道不一定以蓝线或是绿线的形式进行管控，可结合城市规划设计，规划建设为绿地、排水管渠等。

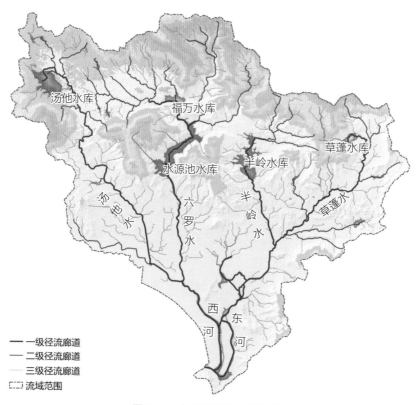

图6.11 水系廊道分级规划图

6.4.2.2 河流生态廊道管控

按三亚河相关管理规定，以河流治导线为基准，以水系洪水淹没线作为参考，结合水系周边景观资源划定水系生态廊道管控范围。

（1）郊野河流段：环岛高铁线至水库，以河流治导线向两侧外延100～120m，作为水系生态廊道区。

（2）城市河流段：环岛高铁线至三亚大桥、潮见桥段，以河流治导线向两侧外延30～50m，根据沿线公园建设情况酌情纳入，作为水系生态廊道控制区。

（3）河口河流段：三亚大桥、潮见桥以南至入海口，以河流治导线向两侧外延200m，作为水系生态廊道控制区。

衔接已有规划成果，将水系生态廊道按照蓝线、红线、绿线来控制（图6.12），引导流域内被侵占河道的改造、整治，未建设区域的用地开发。

（4）蓝线：保证水系行洪排涝的基本功能，是三亚河的生命线。

（5）红线：建设控制线，该范围内严格限制水利服务设施以外的其他设施建设。

（6）绿线：外围功能用地与河流之间的生态防护缓冲用地。

图6.12 河流生态廊道控制线示意图

6.4.2.3 生态及蓄洪空间管控

流域内现有760个坑塘水面，大于1hm²的天然坑塘有30个，流域内主要自然水体见图6.13、表6.3。大于1hm²的天然水面原则上不能填埋，流域内各分区水域面积与蓄洪空间总体不应减少，规划建设时各片区控规应严格落实该片区天然水面面积与蓄洪空间面积不应少于建设前，可结合城市设计打造景观水系、景观湖库、湿地公园。

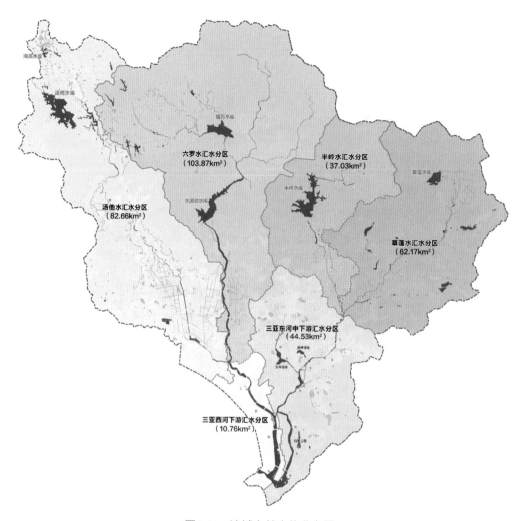

图6.13　流域自然水体分布图

流域主要自然水体统计表 表6.3

序号	汇水分区名称	子流域水系面积/hm²	自然坑塘水体数量/个	自然坑塘水面面积/hm²
1	半岭水子流域	146.42	31	7.01
2	草蓬水子流域	140.84	140	36.61
3	六罗水子流域	331.91	117	21.76
4	汤他水子流域	342.43	283	54.95
5	三亚东河中下游子流域	213.69	97	69.19
6	三亚西河下游子流域	127.37	5	1.43

6.4.3 流域生态治理与修复

6.4.3.1 水系保护与修复
（1）城区建筑侵占河道整治

影响行洪界面（侵占河道蓝线空间）的建筑，必须拆迁改造；不影响行洪界面（不侵占河道蓝线空间）的建筑，河道建设控制线（红线）内的建筑可暂不拆迁，后期结合城市升级进行改造，严格禁止新建建筑。

（2）中上游城郊及乡村区域侵占河道整治

农田、果林、居民点等侵占绿线范围内，需退耕还林，进行复绿，减少水土流失，有效控制水环境质量。上游水库阻断鱼类洄游通道，应构建鱼道加强鱼类保护。

（3）水系廊道修复

修复流域中上游、东岸湿地、三亚东河及自然山水径流通道，实现区域水系互联互通，提高水系流动性、连通性、安全性，恢复河流水系廊道。

（4）河流岸带生态修复

推进三亚东河半岭水库—东环高铁段综合治理，六罗水、汤他水、草蓬水、半岭水、机场排沟等水系清淤疏浚、建设生态护岸及植被缓冲带等，保护河流沿岸生境。

（5）湿地系统保护与修复

推进三亚河国家湿地公园的保护，开展退塘还林还湿，加强抱坡溪生态湿地、东岸湿地水生态修复，中央公园建设等湿地系统保护与修复，恢复湿地生境退化区域。加强河道与周边用地之间的联系，恢复自然河道，植入游憩步道，营造湿地景观，开展鸟类及生物栖息地的构建。

（6）生态补水

通过污水处理厂尾水补水、西水中调水源置换等加强河道旱季补水，满足生态用水需求。

6.4.3.2 红树林保护与修复
（1）红树林保护等级划分

根据红树林群落、动植物及候鸟种群资源分布，参照相关红树林湿地保护分级方式，结合本保护区的特点，确定红树林保护等级。

①Ⅰ级保护区：核心区域，严格保护，禁止任何开发建设

原生红树林成片生长且长势良好、生态条件最佳、受损面积最少的区域，包括稀疏红树林淤泥带和绝大部分浓密红树林淤泥带。强调物种原生性，保护生物多样性和景观性，防止红树林湿地水土流失。

保护管理措施：禁止一切与保护无关的行为活动，只允许科考研究和管理人员进入此区。鼓励对区域内的红树林资源进行定期调查和监测，建立红树林资源档案，并定期公布红树林资源状况。

②Ⅱ级保护区：保护修复为主，不宜开发建设

红树林保护区区界内除Ⅰ级保护区外的其他原生红树林区域，此区域红树林多为零星散布，或部分已受人工干扰和破坏。以生态环境修复、生态治理、构建生态屏障为主。

保护管理措施：禁止一切破坏生态平衡的产品开发，经相关部门审批，可允许在没有红树林的边缘设置观景码头、木栈道、标示牌等必要的管理和保护设施，适度开展科普、游览等活动，严格控制进入该区域的人流。

鼓励采取红树林拯救恢复措施，扶持红树林奇种、育苗和造林，恢复和适当扩大红树林面积；鼓励开展有关红树林资源保护和利用的科学研究、科普宣传、技术开发和国际合作，推广应用先进技术。

③Ⅲ级保护区：保护协调，与外围生态缓冲，控制开发建设

在红树林保护区外围设置红树林生态缓冲区，包括淡水湿地、草滩地、林地以及部分河岸陆地区域，为红树林生长预留空间，确保与周边环境相协调。以控制水土流失、加强景观恢复、促使红树林环境保持、景观营造和科普观赏协调发展为目的。

保护管理措施：禁止在该区域内炸鱼、毒鱼、电鱼；禁止排放有毒有害物质或者倾倒固体、液体废弃物，设置排污口；禁止破坏红树林保护的所有设施、设备等。加强环境保护，防治滩涂、湿地污染。适度进行开发建设，一切建设活动须以不得损害红树林生态环境为原则。

（2）红树林修复策略

对红树林进行分区（图6.14），分为核心保护区、扩展区、恢复培育区、缓冲区，并对各分区实施相对应的保护策略。

①红树林核心保护区——"升"：针对Ⅰ级保护区内的红树林公园，红树林生长良好，生态条件良好，依靠红树林自然再生方法修复提升，减少人工干预。

②红树林扩展区——"扩"：针对Ⅱ级保护区内红树林林带窄、面积小且分布区域零散化区域，扩大红树林种植面积，提升生态系统稳定性。

③红树林恢复培育区——"连"：针对Ⅱ、Ⅲ级保护区受人工干扰和破坏较严重区域，对沿岸不连续区域进行补植。

④红树林缓冲区——"赏"：针对Ⅲ级保护区内三亚河咸淡水过渡区域，控制水土流失和景观恢复，促进环境景观营造、旅游发展和谐共生。

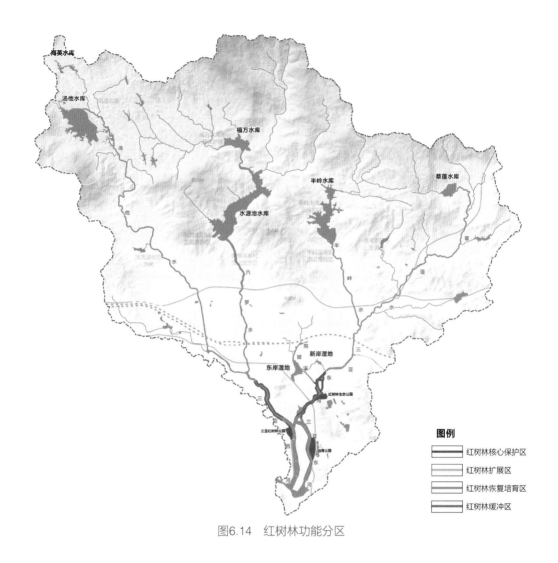

图6.14　红树林功能分区

　　滩涂修复：下游红树林受损严重，应加强保护及修复，恢复河流多样生境。近海口处局部进行滩涂修复，恢复自然沙洲，提高河口区域的生物多样性。

　　对红树林生态系统的修复需结合河流原生态进行本土植物补种，种植适合红树林群落的植物。三亚河红树林保护区由红树到半红树群丛补种最佳生态序列建议为海榄雌—红海榄—海桑（无瓣海桑、杯萼海桑）—桐花树—海漆—黄瑾—许树。

　　在保护的基础上，开展红树林利用：定期开展科普教育活动，完善参观路线，加深市民对三亚河红树林的认识。修建与三亚河人文内容相关的主题展览馆，使市民在增强对红树林了解的同时，增进对三亚河自然人文的关注和认同。以红树林湿地生态缓冲带为基础，营造人与植物和谐共生的城市有氧活动区。水上木栈道不仅保护了公园生态的原真性，而且为参观者提供了更为亲切的游览体验。

6.4.3.3 流域水土流失修复

（1）水源地保护

通过建设库滨植被带、自然湿地、退果还林、陆域生态隔离等手段，减少水土流失、控制入库污染；开展水源池、半岭水库一级保护区生态移民搬迁及退果还林工作，加强水源涵养地生态保护，确保水质优良；开展流域上游福万水库、水源池水库、半岭水库、汤他水库、草蓬水库水土流失防治综合治理；加强下游项目建设水土流域防治审查与管理。

（2）河道水土保持

修复沿河植被缓冲带，构建末端入河生态拦截体系，具体见表6.4。

水土流失治理规划管控表   表6.4

河段	缓冲带控制宽度/m	类型	
汤他水库—德山水库段	60～100	防护型	
德山水库—海南环线高速段	50～70	防护型	
海南环线高速—凤凰路段	30～40	防护型/游憩型	
凤凰路—育林路段	10～30	防护型/游憩型	
福万水库—水源池水库段	80～100	防护型	具体建设宽度依据现状地形、沿河建筑、道路等确定岸坡缓冲带宽度
水源池水库—海南环线高速段	30～50	防护型	
海南环线高速—水城路段	10～40	防护型/游憩型	
半岭水库—荔枝沟水质净化厂段	20～40	防护型/游憩型	
草蓬水库—东宏垂钓场段	20～60	防护型/游憩型	
东宏垂钓场—荔枝沟水质净化厂段	20～40	防护型	
荔枝沟水质净化厂—入海口段	10～30	游憩型	
水城路—入海口段	10～30	游憩型	

（3）森林保育与恢复

强化北部福岭森林公园、三亚河国家湿地公园、临春岭森林公园以及重要生态功能区的公益林与水源地建设与恢复。

最终流域水土流失面积比例由现状4%，到2025年降低至3.5%，到2035年降低至3%。

6.5

水安全构建与保障

6.5.1 规划目标

按照"堤库结合，以泄为主，蓄泄兼施"的防洪方针，针对流域水灾害防治的薄弱环节，采取河道整治、增设滞蓄区、水系连通等有效工程措施，并配合非工程措施，建立完善的防洪排涝系统，确保达到防洪标准要求，有效防御流域常规及超标准的降雨事件。基本实现三亚河流域"小雨不积水、大雨不内涝，特大暴雨城市运转基本正常，妥善处置超标准降雨引发的城市洪涝灾害"的目标。根据《三亚市雨污水规划》《三亚河治导线规划》《水务十四五规划》等规划及防洪标准、室外排水标准等确定河流的洪涝标准：

三亚河主要城区防洪按100年一遇标准设防；非主要城区防洪按50年一遇标准设防；三亚东河支流抱坡溪防洪按50年一遇标准设防；三亚东河支流草蓬水防洪按20年一遇标准设防；防潮标准为100年一遇；建成区排涝标准达到30年一遇。

6.5.2 洪涝防治体系构建

鉴于内涝成因为山体雨水截洪系统不完善、老城区存在管网瓶颈、泄洪通道过流能力不足、海潮顶托明显、日常运维不足等，通过"上截、中蓄、下排"的洪涝治理思路，采取"高水高排，分区优化""源头减量，削减峰值""管渠修复，提标扩能""调整竖向，蓝绿调蓄""恢复通道、排涝除险"等措施实现蓄排平衡，构建三亚河流域洪涝防治体系。

（1）上截

山水截流、水库挖潜。充分挖掘现有水库潜力，构建智慧水务管控系统，优化水库调度方案，承担部分洪水滞蓄。针对三亚河流域下游城区周边山洪入城导致内涝问题，采取"高水高排，分区优化"，对临春岭、凤凰岭、鹿回头、金鸡岭开展截洪沟、生态沟建设，构建高水通道，改造排涝通道3km，新建截洪沟5.1km，新建排涝箱涵0.5km，新建生态截洪通道5.9km，改造现状水系0.7km，自然通道水系修复4.8km（山水入城为流域城区积水主要原因之一，现有排水管网体系建设时未考虑山水流入流量，未形成山水通道，周边原有坑塘水系被城市开发侵占，重点解决下洋田、迎宾路、凤凰路、嘉宝花园、春光路交叉口、南边海、龙岭路等积水点）。

（2）中蓄

增设蓄滞洪区，削峰调蓄雨水，构建"4"+"28"蓝绿空间调蓄体系。结合现状湿地与洼地，增设蓄滞洪区，拦蓄洪水，错峰下泄，减轻下游河道行洪压力。构建4个主要调蓄水库、28个主要调蓄坑塘水体的调蓄体系，保留现状管控20个坑塘水系，规划增设8个调蓄洼地水体。规划新建10处低洼调蓄空间，调蓄容积约400万m^3。

雨水源头减排，海绵城市建设管控。规划近期建设三亚河流域下游城区内125个海绵城市源头减排地块，至2025年实现下游城区年径流总量控制率达到65%的目标，实现30mm降雨源头控制，远期实现70%径流控制目标。

（3）下排

疏通水系，强化节点、建设泵站，构建行泄通道，完善防洪排涝行泄体系。构建河道外排水通道体系，利用道路、绿地、植草沟构建雨洪行泄通道。加强桃源河—汤他水、东岸湿地—三亚东河、抱坡溪上游与上游片区、海螺虎豹岭至三亚东河区域水系连通与径流主通道建设，增强行泄能力。针对局部低洼、顶托，无法构建管网及地面排水通道区域，结合雨水专项规划布局，建设三亚湾路、工业园路排涝泵站。针对防洪行泄不达标的区域，重点对中上游草蓬水、半岭水、汤他水、六罗水以及下游三亚东河（半岭水库—东环高铁段）开展综合整治，提升防洪与河道行泄能力，构建流域通畅的大排水通道。

6.5.3 竖向调整建议

通过梳理河道设计洪水位与城区地面标高关系，对城市新建区、棚户区改造更新提供竖向管控建议，具体见表6.5、表6.6、图6.15。

新建区地面标高设计建议 　　　　　　表6.5

序号	低洼高风险区位置	规划标高问题	优化后的标高
1	海坡片区	部分道路地块规划标高低于6.0m	建议开发地块、道路标高不低于6.5m
2	东岸新岸片区	部分道路地块规划标高低于4.5m	建议开发地块、道路标高不低于5.3m
3	机场路和育新路交叉口	设计洪水位6.12m，道路规划标高低于6.0m	建议调整至6.5m以上
4	吉祥街片区	雨水向三亚河一侧排放，规划标高3.5m左右	建议提高规划标高不低于4.5m

		棚户区改造标高调整建议	表6.6
序号	低洼高风险区位置	规划标高问题	优化后的标高
1	海螺片区	现状沿河一侧部分区域标高低于4.0m	棚户拆迁后建议开发地块、道路标高不低于5.3m
2	下洋田片区	现状沿河一侧部分区域标高低于2.67m	棚户拆迁后建议开发地块、道路标高不低于3.5m

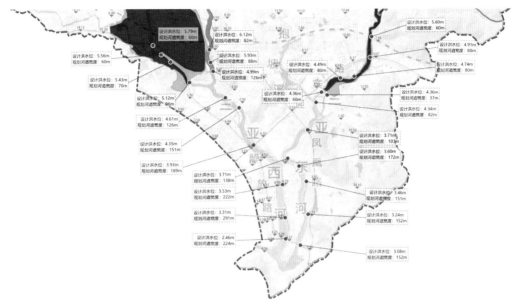

图6.15　标高管控示意图

6.6

水环境治理与提升

6.6.1　治理思路、目标与对策

　　针对污染的成因，通过"源头减排、过程控制、系统治理"的思路，加强对流域点、面源污染的控制，分段识别、分区谋划、分类整治、系统治理，系统改善三亚河水环境质量，总体思路如图6.16所示。

　　（1）上游：以生物多样性保护与水源涵养生态功能为主

　　污染情况：污染较轻，存在局部农业面源污染（根

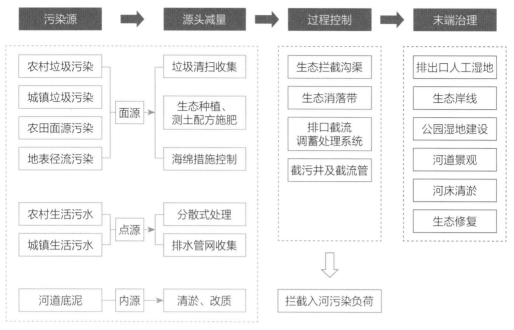

图6.16 污染治理总体思路

据林业统计，福万—水源池水源一级保护区存在1871.07亩的芒果种植地，二级保护区内存在4591.67亩的芒果种植地，造成水土流失及农业面源污染）。

水质目标：Ⅱ类。

整治措施：严格保护为主，退果还林为辅。对水源一级保护区内1871.07亩芒果种植地开展分段退果还林工作。

（2）中游：以热带农业发展生态功能为主

污染情况：污染较严重，以农业面源污染、农村生活污染为主。

水质目标：Ⅲ类。

整治措施：开展农业面源污染生态治理与监测，推广高新绿地施肥技术；完善农村污水排放管网系统，推进农村污水处理设施建设。

（3）下游：以旅游与城镇发展生态功能为主

污染情况：雨季溢流污染较为严重。

水质目标：近期Ⅳ类，远期Ⅲ类。

整治措施：开展污水提质增效工作，提高污水收集率，构建末端溢流污染调蓄体系，开展系统化全域海绵城市建设。

保护利用：保护中开发，以水环境、红树林生态保护为根本，根据水上旅游开发需求，局部开展清淤工作。

河道河口：以船舶污染为主，加强船舶污染监控管理，构建船舶港口污染防控体系。

6.6.2 水环境提升指引

6.6.2.1 点源污染治理

（1）城乡生活污水治理与提质增效

①下游城村污水提质增效。结合污水浓度检测及管网排查成果，开展管网修复71km，对15处合流小区开展雨污分流改造，对抱坡溪、临春、新城、河东、河西片区等6个重要低浓度片区开展污水提质增效。

②混接、错接点改造。结合污水浓度检测及管网排查成果，开展新城及回新片区混错接改造，重点针对普查现存约1500个混接点、错接点开展分类整治。

③农村直排污水治理。按照"城旁接管、就近联建、独建补全"的原则，重点对15处三亚河沿线农村居民非法排放口采取封堵的措施，将雨水、污水分别接入市政雨水和污水管网；对抱坡溪上游部分无市政管网的棚户区，近期建设分散式污水处理设施，远期结合地块开发按规划建设排水处理系统。

（2）溢流调蓄与污水处理能力提升

①溢流调蓄建设。建设末端溢流污染调蓄系统，调蓄雨季排水管道溢流污水，在现有9座末端CSO调蓄池的基础上，针对老旧片区，规划新建溢流污染调蓄设施6座，远期待区域性雨污混接改造完成后，用于初期雨水调蓄与净化。

②污水系统完善。流域内规划新建新城水质净化厂三期（近期3万t/d、远期8万t/d）、落笔洞清流园水质净化厂（近期2.5万t/d、远期5万t/d），结合污水提质增效及CSO调蓄解决雨季泵站溢流问题，满足雨季污水系统运行。

6.6.2.2 面源污染治理

（1）城市雨水径流污染控制

通过海绵城市建设控制雨水径流污染，在城市绿地、建筑、道路、广场等新建改建项目中，因地制宜建设绿色屋顶、植草沟、干湿塘、旱溪、下沉式绿地、地下调蓄池等LID设施，推广城市透水铺装，建设雨水下渗设施，不断扩大城市透水面积，整体提升城市对雨水的蓄滞、净化能力。

①海绵建筑与小区。新建用地项目全部要求进行海绵城市建设，系统化全域推进海绵城巾，下游城区面源污染控制率不低于50%。

②海绵型道路。根据三亚市市政道路建设计划，近期流域内建设海绵型道路27条，长度53.7km。

③海绵型公园绿地。结合中央公园、滨河绿道建设计划，近期流域内建设海绵型公园绿地6处。

④末端初雨调蓄。通过建设初雨调蓄池及东岸湿地、丰兴隆、红树林生态湿地等

大型设施控制初期雨水径流污染。

（2）农业面源污染治理与控制

总量控制：针对流域中下游约1000hm²重点灌区，采取农田塘堰湿地措施，控制主要农业面源污染区域入河污染总量。各片区控制量见表6.7。

农业面源污染控制目标（单位：t/a）　　　　表6.7

片区	化学需氧量	氨氮	总磷
妙林田洋及周边农田	1575	43	15
风门田洋及槟榔河周边农田	1090	29	10
抱坡溪上游村周边农田	274	7	3
南丁田洋农田	294	8	3
保引村周边农田	628	17	6

6.6.2.3　河道内源污染控制

（1）河道清淤。结合旅游、通航、河道整治、生态修复，开展清淤疏浚。清除受污染河道底泥，重点对中上游水系开展清淤疏浚，整体清淤不低于100万m³。

（2）两岸垃圾清理。定时清理城市水体沿岸垃圾临时堆放点的垃圾。

（3）生物残体及漂浮物清理。对城市水体水生植物和岸带植物进行季节性收割，对季节性落叶及水面漂浮物进行及时清理。

（4）河口岸线整治。启动入海口港口岸线整治与复绿工作，减少垃圾、面源入河。

（5）开展监测。加强游船、作业排放监测，对主要污染物进行实时、连续监测。

（6）加强监管。构建河口码头污染防治管理体系，从内部管理、职业健康、污染治理设施运行、应急管理、宣传教育与社会监督等方面，完善河口码头污染管理体系。

6.6.2.4　目标可达性分析

三亚河流域内各分区点源污染贡献比为35%～60%，面源污染贡献比为20%～40%，三亚河水体污染的主要原因是现状排口混流排污、溢流污染、城市径流污染以及农业面源污染。

通过改造雨污混接、错接管网，可削减现状混错接污染85%以上；通过完善管网空白区、薄弱区管网建设，排污口整治，可削减污水直排污染物的80%；通过雨季溢流污染控制，可削减现状溢流量的80%；通过源头LID设施系统布置，地表径流污染物削减率由40%提升至50%，相当于地表径流污染减少15%～20%；通过水体综合治理，对中上游水系进行生态修复、下游西河进行清淤，可削减内源污染30%～80%；通过建设沿河生态缓冲带、生态沟渠，构建节点型沟渠—塘—湿地处理系统，削减农业面源污染25%～50%；通过水体生态恢复治理工程提高水环境容量10%～40%。通过实施规划方案，整体水环境容量提升29%，污染负荷可削减59%，可实现水环境水质目标。

6.7

水资源保护与利用

6.7.1 水资源供需预测

对河道外居民生活用水、工业、城镇公共事业、生态用水，农业需水进行预测，统计河道外需水量（表6.8）。

根据河道红树林、环境流量、航运等相关要求，计算河道内生态需水（表6.9）。

三亚河年最小生态需水量2110万m³，适宜生态需水量为6330万m³。

三亚河流域河道外需水量预测（单位：万m³）   表6.8

规划年	居民生活用水			工业	城镇公共	农业需水	城镇生态	总需水
	城镇	农村	小计					
2025	8946	788	9734	548	8111	6186	779	25358
2035	11762	511	12273	1107	11708	6170	1203	32461

三亚河生态补水需水量预测（单位：万m³）   表6.9

流域	年最小生态需水量	适宜生态需水量
三亚河	2110	6330

经测算，三亚河流域河道外近期（2025年）总需水量为2.5359亿m³，远期（2035年）总需水量为3.2461亿m³。至2025年，生活生产及农业灌溉用水缺口达1707万m³/a；至2035年，生活生产及农业灌溉用水将达8809万m³/a，具体见表6.10。

三亚河流域供需平衡测算表（不含河道生态补水量）（单位：万m³/a） 表6.10

规划年	流域可供原水量	流域生活生产用水量	缺水量
2025	23652	25359	1707
2035	23652	32461	8809

6.7.2 水资源配置规划

考虑到三亚市水资源严重紧缺，规划在节流的基础上进行开源，从三亚市区域外调水。从三亚市整体出发，结合《三亚市水资源综合规划》，水资源配置方案如下：

（1）水源调度。近期（2025年）从东西部调度水量0.54亿m³，远期（2035年）从东西部调度水量1.13亿m³，中水西调+昌化江调水后近远期河道外需水基本满足平衡。

（2）水源替换。根据《三亚市水资源综合规划》，中部水厂通水后，荔枝沟水厂将退出服务、金鸡岭水厂将调整供水量。福万（库容1100万m³）+半岭水库（库容1355万m³）将退出常规供水，水源池水库（库容1492万m³）减少城镇供水，以上水库规划为三亚河道生态补水，满足三亚河年最小生态需水要求，远期加强非常规水资源利用与水库容量的挖掘，持续加强三亚河生态补水。

（3）再生水利用。近期实现流域25%再生水利用；建设再生水管网，沿路设置再生水取水点，用于道路、绿化浇洒及城市下水道的定期冲洗，替代自来水；敷设再生水管道，将荔枝沟污水处理厂中水作为抱坡溪湿地、东岸湿地公园、红树林生态公园补水水源。再生水利用规模见表6.11。

三亚河污水再生利用规模预测（单位：万t/d） 表6.11

名称	尾水水质	现状污水规模	设计回用规模
红沙污水处理一二厂	一级A+中水回用	18.0	2
鹿回头半岛污水处理厂	一级A+中水回用	1.0	1
荔枝沟水质净化厂	一级A+中水回用	3.0	3
荔枝沟水质净化厂二厂	一级A+中水回用	4.0	1.5
新城水质净化厂	一级A+中水回用	3.0	3
合计		29.0	10.5

（4）雨水利用。建设雨水蓄水设施，近期实现下游建成区5%雨水资源利用。雨水主要用于小区及市政道路绿化、景观补水、高尔夫球场人工湖补水等。

考虑枯水年由于水资源调配受工程规模的限制，部分地区仍然可能存在缺水情况。

6.8

流域价值提升与利用

6.8.1 水景观综合提升

6.8.1.1 流域水景观体系构建

打造具有亲水性、可达性、开放性、连续性的空间，融入文化元素，体现三亚城市特色。统筹山水林田河库海湿地资源，整体规划，合理分片，构建水绿融合的"一网六片多廊多点"生态景观格局（图6.17）。

一网：贯通水陆的流域慢行绿网。

六片：根据流域景观资源特征，将流域划分为六个景观区段和类型：

山林生态景观区：水库以上，景观特征以水源涵养、固土保水为主；

林水修复景观区：水库至绕城高速，景观特征以林水共融、增林扩绿为主；

乡野田园景观区：高速至环岛高铁段，景观特征以田水共生、生态共融为主；

湿地休闲景观区：月川桥、丰兴隆桥至环岛高铁段，景观特征以水岸统筹、休闲度假为主；

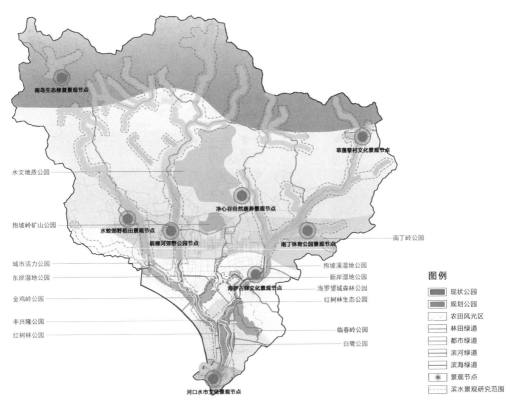

图6.17 流域景观体系构建示意图

城市生活景观区：月川桥至三亚大桥、潮见桥段，景观特征突出红树林绿影婆娑、城市滨水活力空间体验为主；

活力港口景观区：三亚大桥、潮见桥至入海口段，景观特征以海港特色、科技动感为主。

多廊：三亚东西河形成的多条水系廊道。

多点：公园、湿地等的多个景观节点。

6.8.1.2 流域水景观主题分区

（1）活力港口区

区域位置：位于三亚河最南端，从入海口至三亚大桥、潮见桥，是三亚河汇流入海的重要区域。

景观特色：传统疍家景观、游艇景观、市民生活景观、海洋景观。

水系情况：水域面积76hm^2。

主要桥梁：三亚大桥、潮见桥。

景观定位：突出直升机、游艇观光以及河海互动的景观特色，打造国际性游艇港口景观。

景观规划指引（图6.18）：

水上景观：打造河海互动，建立内河与海上旅游观光联动的水上旅游航线，突出活力港口景观。

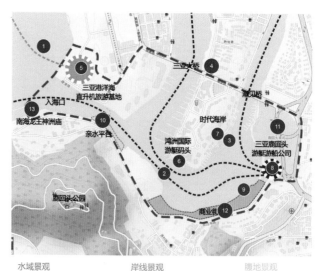

水域景观	岸线景观	腹地景观
1. 直升机旅游观光	6. 游艇码头	11. 公园景观
2. 游艇游船及航线	7. 冲浪俱乐部	12. 商业购物景观
3. 帆板冲浪	8. 游艇游船码头	13. 海洋人文景观
4. 门户景观	9. 渔船码头	
5. 直升机基地	10. 亲水平台	

图6.18 活力港口区景观规划指引

滨水景观：在滨水区域设置滨河公园广场和景观亲水平台，同时沿河打造滨水商业街，结合夜景照明规划，打造动感滨水夜景，营造都市活力。

（2）城市生活区

区域位置：位于三亚西河和东河南端，从三亚大桥至月川桥，潮见桥至儋州桥，是三亚河最繁华、最有活力、红树林景观最为集中的区域。

景观特色：红树林景观、白鹭景观、市民生活景观。

水系情况：西河河段长3.3km，水系宽度190～312m，最大纳潮量为255万m^3，最小为137万m^3；东河河段长4.8km，水系宽度为100～200m，最大纳潮量为158万m^3，最小纳潮量为64万m^3。

主要桥梁：步行桥、新风桥、月川桥、临春桥、榕根桥、丰兴隆桥、儋州桥。

景观定位：依托红树林和白鹭景观优势，融合两河四岸的市民生活景观特色，打造美丽、浪漫的三亚城市滨河休闲景观。

景观规划指引（图6.19）。

水上景观：在特定时段依托元宇宙等数字经济打造梦幻水上娱乐景观。

滨水景观：利用现有的公园广场主题，打造特色的游乐休闲景观，并以绿道连贯游憩休闲空间。

（3）湿地休闲区

区域位置：位于三亚西河，从月川桥至铁路；位于三亚东河，从儋州桥到铁路。

图6.19　城市生活区景观规划指引

景观特色：红树林生态景观、湿地公园景观、乡村景观等。

水系情况：河流长度4.9km，河流宽度80～190m，现状最大纳潮量122万m³，最小纳潮量46万m³。河流长度4.6km，河流宽度8～100m，现状最大纳潮量80万m³，最小纳潮量5万m³。

主要桥梁：月川桥、金鸡岭桥、凤凰路桥、山屿湖小桥、迎宾路桥。

景观定位：以滨河度假与健身漫步为主的城市休闲景观。

景观规划指引（图6.20）：

三亚西河以自然野趣为基点，以保护为前提，开通生态休闲小水道，以皮划艇等小舟形式慢慢穿越，打造野趣休闲空间，以月川超级绿道串联金鸡岭公园、河滩公园及滨河慢行道形成休闲健身道。三亚东河以绿道串联滨河景观和公园湿地，打造城市特色休闲空间。

（4）乡野田园区

区域位置：从环岛高铁至环岛高速的流域空间。

景观特色：乡村景观、度假区景观、田园景观。

水系情况：汤他水河流长度17995m，宽度20～60m；六罗水河流长度7891m，宽度50～100m；半岭水河流长度5446m，宽度40～75m；草蓬水河流长度12254m，宽度25～90m。

主要桥梁：南丁桥、爱民桥、妙联桥、三横路桥。

图6.20 湿地休闲区景观规划指引

图6.21　乡野田园区景观规划指引

景观定位：乡野田园景观、休闲度假景观、高校科研景观等。

景观规划指引（图6.21）：

生态构建：在满足行洪排涝的前提下，对河岸进行生态化驳岸改造，进行河道生态修复，恢复河流自净能力。

缓冲净化：以海绵城市建设理念为指导，通过沉淀池/滨水缓冲带/生态浮岛等生物净化措施，进行景观化营造。

区域联动：打造绿道、亲水平台等景观设施，展现水系景观与湿地公园、田园风光、热带校园、乡村度假等景观的有机融合，区域联动发展。

（5）生态山水区

区域位置：从第二绕城高速至行政边界的流域空间。

景观特色：山林景观、乡村景观。

水系情况：汤他水河流长度17995m，宽度20～60m；六罗水河流长度7891m，宽度50～100m；半岭水河流长度5446m，宽度40～75m；草蓬水河流长度12254m，宽度25～90m。

主要桥梁：无。

景观定位：生态山林景观、美丽乡村景观等。

景观规划指引（图6.22）：

健全生态格局：推进山水林田湖草等要素系统治理，通过建设前置库、上游河道生态缓冲带等，加强水源涵养区和生态缓冲区建设，展现自然山水生态风貌。

水域景观　　　　　　　岸线景观　　　　　　　腹地景观

1. 水上吊桥　　　　　4. 滨水绿道　　　　　7. 度假景观
2. 河边垂钓　　　　　5. 滨水公园　　　　　8. 校园景观
3. 观景平台　　　　　6. 休闲农庄

图6.22　生态山水区景观规划指引

优化水系景观：保护和完善生态水系廊道，提高生态系统完整性和连通性。

展现生物多样性景观：通过生态化保护开发，构建滨水湿地等生物栖息场所，展现生物多样性景观。

6.8.1.3　海绵驳岸规划与设计

建设海绵驳岸，修复红树林带。河岸红树林带具有净化水质和抗污功能，是天然的生态保护线，通过海绵驳岸设计，强化植被拦截及土壤下渗作用，减缓地表径流流速，去除径流中的部分污染物；对两河沿岸的红树林进行整理和补植，进一步提升红树林湿地净化功能。在上游未建设河段且有条件建设生态护岸的河段规划设计成生态软质驳岸。通过景观设计手法，增加水生植物种类和配置，构建岸线湿地景观系统，增强水体净化功能，为动植物提供栖息场所，丰富驳岸景观。

根据三亚河的驳岸类型，规划建设直立式硬质驳岸、直立式红树林软质驳岸、斜坡式红树林软质驳岸、退台式硬质驳岸、矮墙斜坡式硬质驳岸、自然原型土质驳岸等几种类型，详见图6.23。

（1）直立式硬质驳岸海绵景观措施

主要分布于河口段，驳岸与堤防相结合，兼顾多项功能，但绿化率较低，可渗透地面少。改造示意图见图6.24，主要采取如下改造措施：

①机非隔离带：采用下沉式树池或下沉式绿带，下沉深度为10～15cm，路缘石设置过水口；雨水口设置于下沉式绿带内，略高于周边绿地，可设置初雨弃流设施。

图6.23 岸线形式规划图

图中图例：

直立式硬质驳岸
直立式红树林软质驳岸
斜坡式红树林软质驳岸
斜坡式生态驳岸
矮墙斜坡式硬质驳岸
退台式硬质驳岸
自然原型土质驳岸

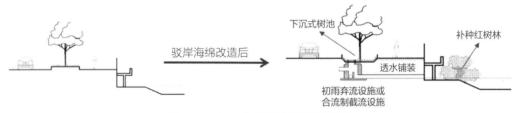

驳岸海绵改造后

下沉式树池
补种红树林
透水铺装
初雨弃流设施或
合流制截流设施

图6.24 直立式硬质驳岸改造示意图

②人行道：采用透水铺装。

③近岸水域：对红树林进行整理和补植。

（2）直立式红树林软质驳岸海绵景观措施

主要分布于两河下游商品街和港门村段，驳岸与堤防相结合，兼顾多项功能，可渗透地面较少，但近岸红树林带生长情况较好。改造示意图见图6.25，改造措施为：

①机非隔离带：采用多功能式树池或多功能式绿带，下沉深度为10～15cm，路缘石设置过水口；雨水口设置于多功能式绿带内，略高于周边绿地，可设置初雨弃流设施。

②人行道：采用透水铺装。

③近岸水域：雨水排水口处可设置碎石过滤带，对红树林进行整理和补植。

（3）斜坡式红树林软质驳岸海绵景观措施

主要分布于临春河东岸，路面至水面线为植被斜坡，绿化率较高，近岸红树林生长情况较好。改造示意图见图6.26，改造措施为：

①机非隔离带：采用下沉式树池或下沉式绿带，下沉深度为10～15cm，路缘石设置过水口；雨水口设置于下沉式绿带内，略高于周边绿地，可设置初雨弃流设施。

②人行道：采用透水铺装。

③斜坡护岸：维持生态植被护岸。

④近岸水域：雨水排水口处可设置碎石过滤带，对红树林进行整理和补植。

（4）退台式硬质驳岸海绵景观措施

主要分布于临春河山水国际段和三亚河上游槟榔谷段，以亲水观景为主，绿化率较低。改造示意图见图6.27，改造措施为：

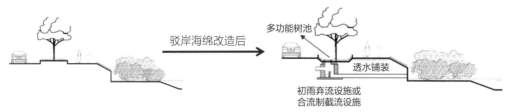

图6.25　直立式红树林软质驳岸改造示意图

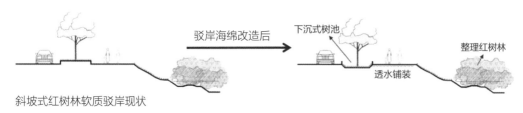

图6.26　斜坡式红树林软质驳岸改造示意图

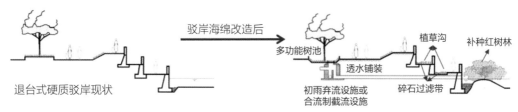

图6.27　退台式硬质驳岸改造示意图

①机非隔离带：采用多功能式树池或多功能式绿带，下沉深度为10～15cm，路缘石设置过水口；雨水口设置于多功能式绿带内，略高于周边绿地，可设置初雨弃流设施。

②人行道：采用透水铺装。

③退台护岸：设置植草沟与碎石过滤带。

④近岸水域：雨水排水口处可设置碎石过滤带，对红树林进行整理和补植。

（5）矮墙斜坡式硬质驳岸海绵景观措施

主要分布于三亚河凤凰水城周边及上游段，驳岸路面至水面线为斜坡式，有全硬化或采用植草砖形式，绿化率相对较高。改造示意图见图6.28，海绵化景观措施有：

①机非隔离带：采用下沉式树池或下沉式绿带，平均下沉深度为10～15cm，路缘石设置过水口；雨水口设置于下沉式绿带内，略高于周边绿地，可设置初雨弃流设施。

②人行道：采用透水铺装。

③斜坡护岸：采用植草砖等生态式护岸。

④近岸水域：雨水排水口处可设置碎石过滤带，对红树林进行整理和补植。

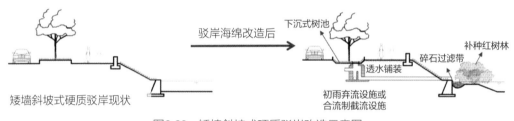

图6.28　矮墙斜坡式硬质驳岸改造示意图

（6）自然原型土质驳岸海绵景观措施

主要分布于临春河上游段，周边暂未进行城市建设开发，驳岸多为原始状态或简单修建。海绵化景观措施有：

①机非隔离带：采用下沉式树池或下沉式绿带，下沉深度为10～15cm，路缘石设置过水口；雨水口设置于下沉式绿带内，略高于周边绿地，可设置初雨弃流设施。

②人行道：采用透水铺装。

③护岸：采用植被缓冲带形式，坡度一般为2%～6%，宽度不宜小于2m，一般设有碎石消能渠。

④近岸水域：对红树林进行整理和补植。

6.8.2　流域产业发展策划

6.8.2.1　产业发展策略

基于三亚河流域现状分析与产业特点，结合水环境、水资源、水生态、水安全等方面的研究，贯彻"文化、活化、野化"的发展策略，充分利用流域生态空间，挖掘文化要素，推进产业活化发展。

充分利用流域水系景观与生态空间，发展生态旅游、生态观光农业、生态环境研学基地，让流域生态空间得到高效利用；结合流域生态修复、土地综合整治、野生动植物保护等举措，提升区域生态产品价值，为流域提供科学、可持续的产业发展路径。

挖掘区域文化资源，发展文旅、文创产业基地，提供展览、演出、创意工坊等文化空间，吸引艺术家、文化从业者和爱好者参与；促进文化产业与其他产业融合，鼓励文化要素与旅游、餐饮、娱乐等产业的融合发展，推动文化资源的利用与宣传。

促进一、二、三产融合与流域产业活化发展，推进产业联动、区域协同，形成较为完整的产业链条，促进流域产业提质增效。

以创新驱动发展，鼓励企业和科研机构在三亚河流域进行技术创新和产业研发，推动绿色化、高端化、智能化转型升级，并推进产业合作。

6.8.2.2　产业空间布局

三亚河流域产业空间重点打造九大产业园区，见表6.12。

（1）南岛休闲农业产业园：依托南岛农场，重点发展休闲农业、乡村农旅。

（2）汤他水园户外拓展基地：利用汤他水域景观、周边林地、园地资源，布局户外运动拓展项目。

（3）环境科学研究服务基地：依托周边循环经济产业园，布局配套的检测、科研实训与服务项目。

（4）水蛟乡村振兴示范产业园：挖掘水蛟村农业资源、文化要素、景观资源，开展三产融合乡村振兴示范基地建设。

（5）槟榔河农旅中心：依托槟榔河两岸乡村文化与景观资源，发展乡村农旅。

（6）半岭特种作物繁育基地：升级现有农业产业，建设特种作物繁育基地。

（7）半岭温泉房车营地：开发利用半岭温泉、水域景观，建设温泉旅游区。

（8）落笔园文旅文创中心：依托落笔洞景区及周边高校，开发落笔洞文化旅游资源，建设文旅文创中心。

（9）草蓬乡村振兴示范产业园：挖掘罗蓬村农业资源、文化要素、景观资源，开展三产融合乡村振兴示范基地建设。

		产业布局规划表	表6.12
序号	产业园名称	包含项目	用地面积
1	南岛休闲农业产业园	建设用地：接待中心、农产品展销中心、农业仓储物流中心	建设用地：7.39hm^2
		非建设用地：观光农园、采摘园、科普园、热带花卉基地、户外摄影基地	耕地、园地：约55hm^2
2	汤他水园户外拓展基地	建设用地：游客中心、水文博物馆、水文研学中心	建设用地：15.53hm^2
		非建设用地：旅游栈道、森林探险、水上拓展训练营、户外拓展运动营	林地、园地：约10hm^2
3	环境科学研究服务基地	建设用地：环境监测站、科研实训楼、环保仓储物流中心	建设用地：32.64hm^2
4	水蛟乡村振兴示范产业园	建设用地：农产品加工与检验中心、农业仓储物流中心、农产品展销中心、乡村振兴讲堂、乡村研学培训中心、农副产品电商服务中心、黎韵广场	建设用地：77.33hm^2
		非建设用地：高标准农田、农业主题公园、黎族文化公园	耕地、园地：约500hm^2
5	槟榔河农旅中心	建设用地：游客中心、乡村民宿、乡村文创集市、黎韵文化馆、演艺中心	建设用地（与村合作）：4.2hm^2
		非建设用地：观光农园、科普园、户外摄影基地、黎乡大舞台	耕地、园地：约100hm^2
6	半岭特种作物繁育基地	建设用地：农业实验中心、农作物检验检疫中心、种子资源库	建设用地：5.84hm^2
		非建设用地：特种作物种植园、特种作物苗木基地、高产试验田	耕地、园地：约59hm^2
7	半岭温泉房车营地	建设用地：游客中心、房车服务站、温泉主题博物馆	建设用地：11hm^2
		非建设用地：温泉亭屋、旅游栈道、户外摄影基地、户外拓展运动基地	林地、园地：约20hm^2
8	落笔园文旅文创中心	建设用地：游客中心、落笔洞文化博物馆、落笔创意创作中心、演艺中心	建设用地：56.18hm^2
		非建设用地：户外写生采风基地、落笔洞主题公园	林地、园地：约25hm^2
9	草蓬乡村振兴示范产业园	建设用地：农产品加工与检验中心、农业仓储物流中心、农产品展销中心、农副产品电商服务中心、文化广场	建设用地：12.94hm^2
		非建设用地：高标准农田、设施农业基地、农业主题公园、黎族文化公园	耕地、园地：约150hm^2
总计			建设用地：223.05hm^2 非建设用地：约919hm^2

6.8.3 流域土地综合整治

6.8.3.1 流域土地综合整治技术路线

通过土地综合整治，加强土地集约节约利用，释放土地空间，为流域水体治理、沿线景观提升、文化挖掘和产业策划提供土地承载空间。识别流域土地开发利用、保护存在的主要问题，从山、水、林、田、河、海、城、村等要素入手，提出流域土地综合整治目标，分要素设置土地综合整治重大工程项目，并提出实施保障措施。主要技术路线图见图6.29。

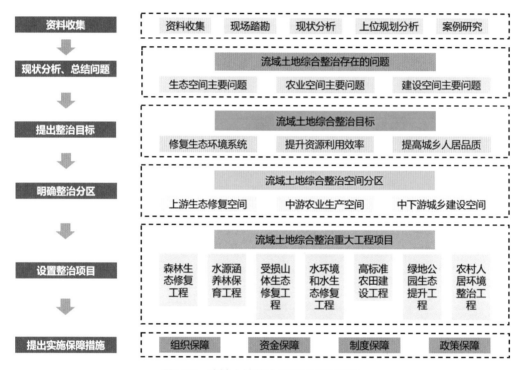

图6.29　流域土地综合整治技术路线图

6.8.3.2 流域生态空间综合整治

在坚持生态保护的基础上，优化调整林地、水域等生态用地布局。结合土地综合整治、海绵城市建设、城市"双修"，整合各类项目和政策资源，对整治区域实施生态修复，实施矿山整治修复和再利用，提高环境安全及林地覆盖度，实施红树林整体保护和生态修复，强化红树林生态修复的规划指导；拆除违法建筑，清退侵占生态红线、流域治导线内建设用地；全面开展清洁田园整治；整体修复河网水系生态，打造生态型全域土地综合整治工程。流域生态整治见表6.13、图6.30。

序号	整治项目名称	整治面积/hm²	占比/%
1	退耕还林生态修复工程	137.26	0.91
2	退果还林生态修复工程	3045.89	20.10
3	林地生态修复工程	10906.39	71.97
4	水源涵养生态修复工程	864.75	5.71
5	受损山体生态修复工程	142.37	0.94
6	红树林生态修复工程	55.75	0.37
	合计	15152.41	100.00

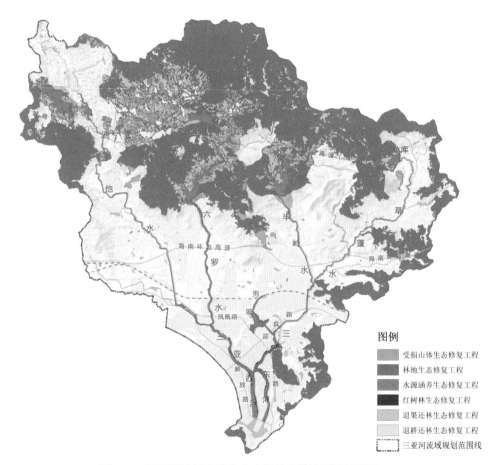

图6.30　三亚河流域上游生态空间综合整治项目示意图

6.8.3.3　流域农业生产空间综合整治

统筹谋划高标准农田建设、旱地改水田、农田基础设施和配套设施建设，全面提升耕地质量，促进土地规模经营，发展现代农业。通过规模化整治流转，有机结合

"农地流转、农居集聚、耕地保护"三项措施，实现高效现代农业。农业产业园建设有利于产业标准化、品牌孵化推广及观光休闲文旅项目开展，促进三产融合。农业空间整治见表6.14、图6.31。

三亚河流域中游农业生产空间综合整治项目汇总表　　表6.14

序号	整治项目名称	整治面积/hm²	占比/%
1	高标准农田建设工程	2298.52	26.19
2	旱改水农田质量提升工程	378.36	4.31
3	低效园地整治提升工程	647.16	7.37
4	农村环境综合整治工程	550.69	6.27
5	农用地生态景观塑造工程	4902.40	55.86
合计		8777.13	100.00

图6.31　三亚河流域中游农业生产空间综合整治项目示意图

6.8.3.4　流域城乡建设空间综合整治

合理配置新增建设用地指标，保障村庄建设、基础设施、产业发展等各项用地需求。充分运用城乡建设用地增减挂钩政策，加大废弃宅基地、空闲地、工矿废弃地等建设用地复垦力度，解决建设用地碎片化问题，增加用地和空间指标来源，优化农村建设用地结构和布局。城乡空间综合整治见表6.15、图6.32。

三亚河流域中下游城乡建设空间综合整治项目汇总表　　表6.15

序号	整治项目名称	整治面积/hm²	占比/%
1	绿地公园景观提升工程	630.82	94.22
2	城中村改造提升工程	5.82	0.87
3	城市人居环境整治提升工程	32.89	4.91
	合计	669.53	100.00

通过流域土地综合整治，共结余建设用地237.73hm²，其中218.86hm²用于发展流域产业，18.87hm²为预留机动指标。

图6.32　三亚河流域中下游城乡建设空间综合整治项目示意图

6.9

规划实施策划

6.9.1 项目策划

统筹考虑规划实施的必要性、紧迫性，结合投融资渠道，优先推进支持和保障解决流域重点问题的重大项目以及与人民群众生活生产密切相关的民生项目。规划策划涵盖水资源开发利用、水安全体系构建、水环境治理改善、水景观综合提升、生态保护修复、流域土地综合整治和流域产业发展7大类，项目共108个，总投资额128.6亿元，其中城区48个项目，总投资额35.6亿元。

水资源类共策划14个项目，总投资约11.1亿元（表6.16），涉及流域外西水中调、昌化江调水、流域内节约用水、灌区现代化、再生水利用（图6.33）。项目实施后满足三亚河流域河道内外生态需水量，供水管网漏损率小于9%，再生水利用率不小于25%。

水资源利用项目策划表　　　　　　　　　　　　　表6.16

序号	项目名称	投资/万元
1	西水中调工程二期	58000
2	三亚市老旧小区二次供水设施改造	1000
3	三亚市市政老旧供水管网改造（大东海片区、迎宾路路段）	3911
4	三亚市市政老旧供水管网改造（三横路路段）	8815
5	吉阳区荔枝沟社区饮水巩固提升工程	899
6	吉阳区新村社区饮水巩固提升工程	2022
7	三亚市吉阳区供水管网用户普查和管网漏损治理项目	3500
8	三亚市抱坡溪补水工程	370
9	海坡内河连通工程	15000
10	天涯区灌区现代化改造渠系工程	8356
11	吉阳区输配水渠道修复改造	2494
12	三亚市落笔洞清园水质净化厂再生水管网工程	1500
13	三亚市荔枝沟水质净化厂再生水管网工程	2000
14	抱坡溪上游迁改工程	3000
	合计	110867

图6.33　水资源利用项目规划示意图

　　水环境治理改善类共策划20个项目，总投资约17.7亿元（表6.17）。主要涉及城区管网提质增效和农村面源污染整治（图6.34），项目实施后水功能区水质达标率不低于90%，城镇生活污水集中收集率不低于70%。

<table>
<tr><td colspan="2" style="text-align:center">水环境治理项目策划表</td><td>表6.17</td></tr>
<tr><td>序号</td><td>项目名称</td><td>投资/万元</td></tr>
<tr><td>1</td><td>抱坡污水处理厂新建项目</td><td>50000</td></tr>
<tr><td>2</td><td>风门田洋农田塘堰湿地工程</td><td>1500</td></tr>
<tr><td>3</td><td>妙林田洋农田塘堰湿地工程</td><td>1500</td></tr>
<tr><td>4</td><td>南丁田洋农田塘堰湿地工程</td><td>1500</td></tr>
<tr><td>5</td><td>海螺村周边农田塘堰湿地工程</td><td>1500</td></tr>
<tr><td>6</td><td>保引村周边农田塘堰湿地工程</td><td>1500</td></tr>
<tr><td>7</td><td>槟榔村周边农田塘堰湿地工程</td><td>1500</td></tr>
</table>

序号	项目名称	投资/万元
8	落笔洞清流污水处理厂新建项目	20000
9	凤凰污水处理厂新建项目	18000
10	汤他水中游农村污水收集完善项目	3500
11	三亚市南边海片区污水管网整治改造工程	9000
12	水城路和凤凰路海航学院片区雨污分流改造工程	1291
13	亚龙木材厂雨污分流改造	2107
14	三亚市新城及回新片区排水管网提质增效工程	47629
15	海螺馨苑排水管网改造工程	3716
16	高新技术产业园片区管网检测及修复工程（二期）	2000
17	丹洲小区雨污分流改造工程	2000
18	荔枝沟片区管网摸排与修复工程	5000
19	下洋田片区排水系统整治工程	2000
20	第一市场区域排水系统整治工程	2000
合计		177243

图6.34　水环境治理项目分布示意图

水安全体系构建类共策划28个项目，总投资16.4亿元，包括上游水库调度，中游湿地蓄滞、水系连通和下游清淤疏浚、高水高排、顶托强排等（图6.35），项目建设后内涝防治标准不低于30年一遇，建成区易涝点消除比例不低于70%。

生态保护修复类共17个项目，总投资16.09亿元，主要包括上游水土流失综合防治，中游水系连通、生态补水、廊道修复，下游岸线绿道、湿地修复、生态教育等（图6.36），项目建成后水土流失面积占流域面积的比例控制在3.5%以内，内河水系生态岸线比例不低于70%，城区可渗透地面面积比例不低于45%，重要河湖湿地保护率不低于95%。

水景观综合提升类共策划10个项目，总投资15.9亿元，规划6个公园（图6.37）；规划绿道270.3km，其中，滨河绿道129.2km，城市绿道36.9km，田园绿道50km，山川绿道54.2km；规划驿站13个，每个驿站规模为100～300m²。

流域土地综合整治共策划5个项目（图6.38），总投资2.95亿元。

流域产业发展类前期导入14个项目，总投资48.5亿元，通过产业转型、生态联动、区域联动，构建绿色、高质量的产业链体系（图6.39）。

图6.35　水安全体系构建项目策划示意图

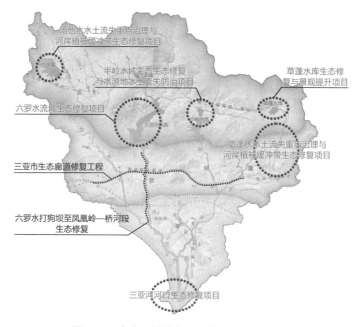

图6.36　生态保护修复项目策划示意图

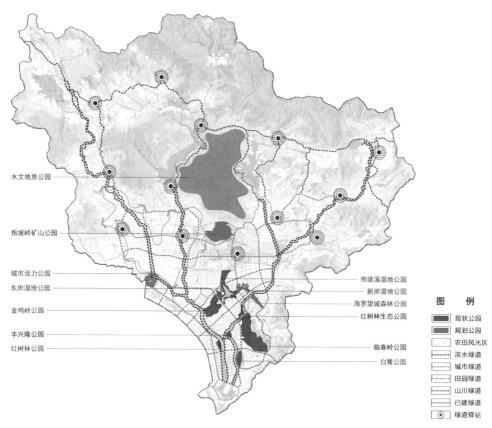

图6.37　水景观综合提升项目策划示意图

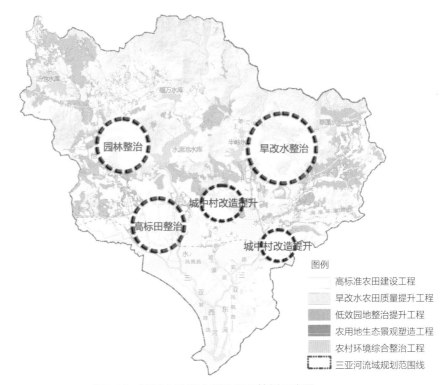

图例
□ 高标准农田建设工程
□ 旱改水农田质量提升工程
□ 低效园地整治提升工程
□ 农用地生态景观塑造工程
□ 农村环境综合整治工程
▨ 三亚河流域规划范围线

图6.38 流域土地综合整治项目策划示意图

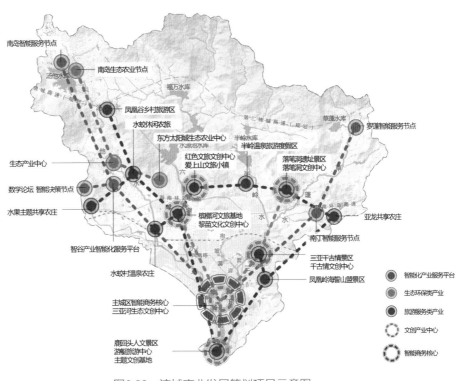

● 智能化产业服务平台
● 生态环保类产业
● 旅游服务类产业
○ 文创产业中心
○ 智能商务核心

图6.39 流域产业发展策划项目示意图

6.9.2 资金策划

6.9.2.1 中省专项资金项目包装

中省专项资金，是国家或有关部门或上级部门下拨给行政事业单位具有专门指定用途或特殊用途的资金。这种资金要求进行单独核算，专款专用，不能挪作他用，并需要单独报账结算的资金。在当前各种制度和规定中，专项资金有着不同的名称，如专项支出、项目支出、专款等，并且在包括的具体内容上也有一定的差别。但从总体看，其含义又是基本一致的。专项资金有三个特点：一是来源于财政或上级单位；二是用于特定事项；三是需要单独核算。专项资金按其形成来源主要可分为专用基金、专用拨款和专项借款三类。

分析中央、省对口支持的专项资金，结合近期行动计划策划的项目，开展中央、省专项资金项目包装策划。中央、省专项资金申报方向，资金支持及申报途径详见表6.18。

中央、省专项资金项目包装策划　　　　表6.18

序号	资金类型	三亚河流域适合申报的方向	资金支持	申报途径
1	重点生态保护修复治理中央资金	山水林田湖草沙一体化保护和修复，历史遗留废弃工矿土地整治	3亿元、5亿元、10亿元等奖补额度	自然资源/发改系统
2	中央水污染生态环境中央资金	重要生态空间水污染治理，污水收集处理设施	项目投资额高于3000万元，最高90%	生态环境/发改系统
3	重点流域水环境综合治理	城镇污水处理、城镇垃圾处理、河道（湖库）水环境综合治理和城镇饮用水水源地治理	最高60%	发改系统
4	海南省水利发展资金	农田水利建设、中小河流治理及重点县综合整治、小型水库建设及除险加固、水土保持工程建设、河湖水系连通项目、水资源节约与保护、山洪灾害防治、水利工程设施维修养护	省定额度	水务/发改系统
5	污染治理和节能减碳中央资金	污水处理、污水资源化利用项目	最高60%，不超5000万元	发改系统
6	国家水网骨干工程中央资金	重大引调水工程	项目资本金50%	发改系统

序号	资金类型	三亚河流域适合申报的方向	资金支持	申报途径
7	海南专项中央资金	海南自由贸易港建设具有重要支撑作用的生态保护修复项目	最高80%	发改系统
8	农村人居环境整治中央资金	农村人居环境整治	最高2000万元	农业农村/发改系统
9	乡村振兴衔接资金	农村饮水、农田水利	全市统筹	农业农村系统
10	林业改革发展资金	森林资源管护、国土绿化、国家级自然保护区、湿地等生态保护	省定额度	林业系统

6.9.2.2 专项债项目包装

专项债是一种具有特定用途的债券，由中央或地方政府发行，募集资金主要用于投资基础设施建设、公共事业、重大工程项目等。通过发行专项债，政府可以吸引社会资金，扩大固定资产投资，刺激经济增长，同时为社会闲散资金提供投资渠道。专项债券（收益债券）和一般债券（普通债券）的区别是：前者是指为了筹集资金建设某专项具体工程而发行的债券，后者是指地方政府为了缓解资金紧张或解决临时经费不足而发行的债券。根据专项债支持方向和相关政策，分析列入近期行动计划项目，列出专项债项目包装策划指导方向，如下：

（1）市政基础设施方向专项债项目策划。围绕城镇供水，将供水的厂、网等项目进行包装，以水费收益进行资金平衡测算。

（2）生态环保方向专项债项目策划。围绕城镇污水处理，将水质净化厂新建项目、水质净化厂提标改造项目、片区污水管网提升项目进行包装，以污水处理费收益进行资金平衡测算。

（3）农林水利方向专项债项目策划。围绕水利基础设施建设，将水利项目、农业灌溉项目、高标准农田建设项目等进行包装，以水资源费收益和农业产业增值收益进行资金平衡测算。

6.9.2.3 EOD项目策划

2020年《关于推荐生态环境导向的开发模式试点项目的通知》（环办科财函〔2020〕489号）对EOD（生态环境导向的开发模式）进行了规定：EOD模式以生态文明思想为引领，以可持续发展为目标，以生态保护和环境治理为基础，以特色产业运营为支撑，以区域综合开发为载体，采取产业链延伸、联合经营、组合开发等方式，推动公益性较强、收益性较差的生态环境治理项目与收益较好的关联产业有效融合，统筹推进，一体化实施，将生态环境治理带来的经济价值内部化，是一种创新性的项目组织实施方式。具体来看，EOD的定义包含三项核心要点。一是"融合"：肥瘦搭配，推进公益性生态环境治理与关联产业开发项目有效融合。二是"一体"：一个市场主体统筹实施，将生态环境治理作为整体项目一体化推进，建设运维一体化实施。三是"反哺"：在项目边界范围内力争实现项目整体收益与成本平衡，减少政府资金投入。

2022年4月，生态环境部发布《关于同意开展第二批生态环境导向的开发（EOD）模式试点的通知》，标志着EOD模式试点在全国已开展2批次共94个项目。图6.40为EOD项目策划模式之一。

以汤他水流域EOD项目为例，打包5个子项目，总投资约24亿元。生态环境类子项目4个，投资约8亿元；产业类子项目1个，投资16亿元，详见表6.19。

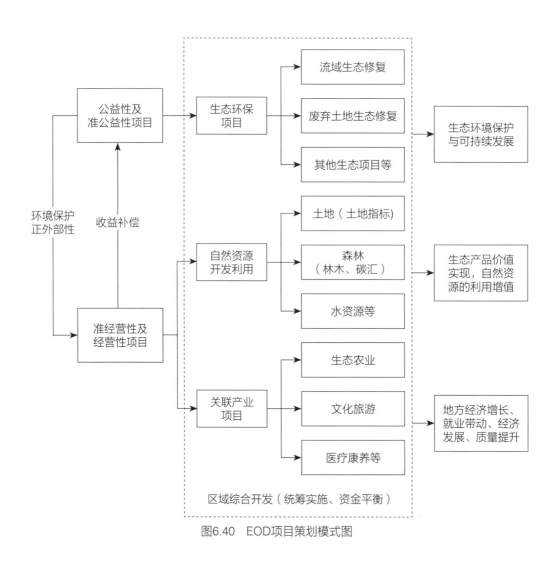

图6.40　EOD项目策划模式图

生态环境类子项目		
项目名称	建设项目与规模	总投资/万元
汤他水生态修复与水土流失综合治理项目	对汤他水库—德山水库段河流两岸60~100m范围内破损的河岸缓冲带进行修复,对德山水库—凤凰路段两岸30~40m河岸缓冲带进行修复,建设乡村滨水绿道15km;流域内进行水体流失综合治理,溢洪道堤防加固,治理范围内围栏封禁、宣传牌、宣传碑设置;退果还林、人工造林、修建梯级截洪排水沟、雨水集蓄及坡面整治工程等	25000
妙林稻田湿地生态修复与公园项目	进行60hm²田洋排涝整治,新建干、支排沟,排水沟渠进行生态化改造,利用农田周边现状塘塘打造2个塘堰湿地,打造流域陂塘拦截系统,通过主排涝沟将农田尾水引入其中进行调蓄净化,进行湿地修复,建设自然和人工形成的水体护坡及驳岸、维护通道,引种景观植物打造水生植物景观,修复为梯级湿地,打造占地面积106hm²的稻田湿地公园,包含文化休闲、稻田景观、科普研学等区域	18000
农村生活污水整治与海绵化改造项目	对流域内六香村、妙山村、官长村、下恶村、上恶村等建设农村污水处理设施和污水管网,针对尚无污水设施的农场七队、八队建设污水处理设施,对流域内重点乡村进行海绵化改造	12000
羊栏片区环境综合治理项目	新建凤凰污水处理厂,配套建设污水收集管网,建设羊栏排沟调蓄池、汤他水下游湿地调蓄池	26500
产业类子项目		
项目名称	建设项目与规模	总投资/万元
水蛟生态产业中心	盘活,利用部分工业用地新建生态产业	160000

6.9.2.4 PPP项目策划

PPP(政府和社会资本合作,Public-Private-Partnership的缩写)模式是指政府通过特许经营权、合理定价、财政补贴等事先公开的收益约定规则,引入社会资本参与城市基础设施等公益性事业投资和运营,以利益共享和风险共担为特征,发挥双方优势,提高公共产品或服务的质量和供给效率。

(1)合作方式

①项目模式。灵活采用建设—运营—移交(BOT)、建设—拥有—运营—移交(BOOT)、建设—拥有—运营(BOO)、移交—运营—移交(TOT)、政府授权企业投资运营等。

②收益模式。使用者付费、可行性缺口补贴、资产资源匹配、其他收益项目打捆、运行管护购买服务等。

（2）主要领域

2013年以后，财政部、国家发展改革委等部门陆续出台相关政策，促进PPP模式的落地。从文件内容来看，PPP模式的适用领域越来越广，包括市政设施、交通设施、公共服务项目、能源、水利、资源环境和生态保护等领域。本文重点梳理了与流域整治相关的适用于PPP的项目。

①国家水网重大工程。加快实施国家水网，协同推进省级水网建设。

②水资源集约节约利用。以特色农产品优势区为重点，在水土资源条件适宜地区建设一批现代化灌区。推进大中型灌区续建配套与现代化改造。

③农村供水工程建设。具备条件的地区，推动城镇管网向农村地区延伸，逐步实现城乡供水一体化。

④流域防洪工程体系建设。推进江河控制性工程、水库水闸除险加固与运行管护、蓄滞洪区建设，提高洪水调蓄能力。

⑤河湖生态保护修复。坚持山水林田湖草沙一体化保护和治理，实施母亲河复苏行动，加强河湖生态治理修复。

⑥智慧水利建设。加快建设数字孪生流域、数字孪生水利工程，构建天、空、地一体化的水利感知网和数字化场景，实现数字孪生流域多维度、多时空尺度的智慧化模拟。

6.9.3 与国土空间规划衔接

本次规划在对现状土地利用底数摸排的基础上，集合流域综合治理、生态修复、产业策划、景观提升、文化塑造等方面内容，形成一批项目清单，并利用土地综合整治的手段，腾挪空间，将项目一一给予空间落位。

在充分考虑"三区三线"划定的基础上，对刚性管控内容进行严格的落实，充分利用城镇开发边界内的增量土地和存量更新，重点利用城镇开发边界外准入项目类型和用地，以及经营性乡村建设用地，对独立地块的建设边界和乡村建设的开发边界给出建议，以达到优化空间用地布局的目的。具体规划衔接与落位见图6.41。

土地利用底数排查
对三亚河流域现状用地情况进行梳理排查，结合国土空间"三区三线"划定情况，确定"底图底数"

刚性管控内容落实
落实"国空总规"流域内陆域生态保护红线150.38km²，流域内永久基本农田面积17.09km²

已批相关规划落实与优化
针对2018年之后已批的相关规划，原则上对其进行落实，并提出用地优化建议；针对2018年之前已批的规划，在对其进行规划评估的基础上，落实合理的规划用地方案，针对用地冲突问题提出调整建议

在编规划衔接与协调
针对正在编制的规划，本次规划应与其进行衔接与协调，确保规划方案之间不冲突

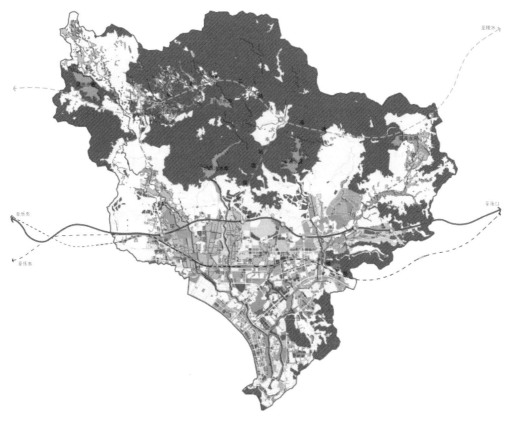

图6.41　规划衔接路线图

7

第七章

总结与展望

7.1

城市水体治理规模效应

我国水环境治理经历了从区域、流域到城市的过程，到"十二五"末期，城市水环境问题成了主要问题之一，国家启动了城市黑臭水体治理。"十三五"时期开始，国家加强了对城市水体的治理，分为两条主线：一条为海绵城市建设。根据《国务院办公厅关于推进海绵城市建设的指导意见》（国办发〔2015〕75号），"海绵城市是指通过加强城市规划建设管理，充分发挥建筑、道路和绿地、水系等生态系统对雨水的吸纳、蓄渗和缓释作用，有效控制雨水径流，实现自然积存、自然渗透、自然净化的城市发展方式"。其目的是"推进区域整体治理，逐步实现小雨不积水、大雨不内涝、水体不黑臭、热岛有缓解"。"到2020年，城市建成区20%以上的面积达到目标要求；到2030年，城市建成区80%以上的面积达到目标要求。"另一条则是黑臭水体治理。2015年4月《水污染防治行动计划》明确："采取控源截污、垃圾清理、清淤疏浚、生态修复等措施，加大黑臭水体治理力度……于2020年底前完成黑臭水体治理目标。""十四五"时期，国家继续深化城市水体治理，推动了三批系统化全域推进海绵城市建设示范，住房城乡建设部、生态环境部、国家发展改革委、水利部印发《深入打好城市黑臭水体治理攻坚战实施方案》，并提出"到2025年，县级城市建成区黑臭水体消除比例达到90%，京津冀、长三角和珠三角等区域力争提前1年完成"。

我国城市众多，2020年有686座城市，其中，人口规模大于1000万的超大城市5座，人口规模在500~1000万的特大城市5座，中等及小城市600座，县城1495座，由于人才、资金、机构设置等，导致城市水体治理存在规模效应，即城市规模越大，城市水体治理相对更有效。这和我国城市发展历程、城市基础设施建设、城市经济规模、技术力量等有着紧密的关系，除以上因素外，还和城市水体治理的历程有关。城市黑臭水体的治理一般可分为黑臭水体筛查、方案制定、工程实施、效果跟踪等阶段。在这一过程中，中小城市黑臭水体治理都可能存在困难，具体来说，有如下三个：一是由于城市众多，城市黑臭水体容易存在漏报、误报的问题。常规黑臭水体筛查手段即现场检测，对单条河段可确保检测结果准确，但容易存在漏报的问题；采用遥感手段，对整体掌握某一区域的城市黑臭水体有重要作用，但由于技术相对复杂，且存在需要深入研究突破技术，在具体城市层面，该手段应用不多。二是技术力量较薄弱，导致城市黑臭水体治理事倍功半甚至花钱不见效，或者阶段性好转后又出现反复，一场大雨水体又返黑返臭。方案制定是城市黑臭水体成败的关键，但其前提是对黑臭水体成因进行准确的分析，"黑臭在水里，根源在岸上，关键是排口，核心是管网"，管网及排口的排查是黑臭水体治理方案的前提，由于管网排查需要时间和经济投入，而且排查结果出来之后需要专业的分析才能找出黑臭真正的根源，所以一些城市黑臭水体治理就采取了简单的办法：封堵排口，结果导致污水处理厂进水浓度下降、污水处理量增长，内涝、汛期溢流返黑返臭问题。三是资金缺口较大，资金来源渠道较为单一，难以支撑黑臭水体治理的资金需求，或是治理后缺乏有效的运维。这就需要多渠道统筹资金，或者开发利用治理好的水体及滨水空间，达到投入与产出相对平衡。

7.2

城市黑臭水体遥感识别

城市黑臭水体遥感识别是城市黑臭水体常规检测的有效补充，多次成功应用于城市黑臭水体督查，在部分城市的常规监测中也有应用，如北京、江苏部分城市，由于其技术较为复杂，且存在还需攻关研究的技术内容，在全国层面大规模的应用还不多。

城市黑臭水体遥感识别总体可分为两个阶段，第一阶段是城市水体遥感解译，第二阶段是依托解译的水体应用遥感卫片识别黑臭水体。城市水体遥感解译机理明确，方法成熟，本书选用GF-2卫片进行水体的遥感解译，研究结果表明，在全国范围内（研究区涵盖北至吉林，南至广东，东至山东，西至四川、宁夏）基于该卫片采取深度学习法可以很好地解译出城市水体，精度可达到99.2%，可以满足城市水体解译的要求。

受气溶胶、遥感卫片大气校正等影响，城市黑臭水体遥感识别呈现出一定的地域差异性。采用归一化黑臭水体指数法表明，在研究的9个省份中，吉林、河北、宁夏、陕西等北部四省份可以采用相同的参数阈值识别黑臭水体（表7.1）；江西、四川、江苏、山东等中部四省份可分类（河流、湖库）分省确定参数阈值进行黑臭水体遥感识别（表7.2）；而以广东为代表的南方省市则只能逐县确定参数阈值。

为提高遥感识别黑臭水体精度，同时减少气溶胶、遥感卫片预处理对解译结果的影响，本书研究了城市黑臭水体与周边环境特征地物的关系、构建了基于综合特征的城市黑臭水体遥感解译模型，并对特征地物的遥感解译方法进行了研究，探索出了基于地物特征的城市黑臭水体遥感识别途径。

通用定参型省份*NDBWI*阈值参数　　　　表7.1

省份	阈值下限N_1	阈值上限N_2	水体类型
吉林省	0.124	0.157	—
河北省	0.06	0.115	—
宁夏回族自治区	0.057	0.081	—
陕西省	0.057	0.081	—

分类定参型省份*NDBWI*阈值参数　　　　表7.2

省份	阈值下限N_1	阈值上限N_2	水体类型
江西省	0.108	0.168	湖库型
	0.119	0.164	河流型
四川省	0.157	0.168	湖库型
	0.102	0.118	河流型
江苏省	0.019	0.068	湖库型
	0.05	0.061	河流型
山东省	0.126	0.187	湖库型
	0.219	0.339	河流型

　　建立可追溯的、动态的黑臭水体数据库是水体遥感解译的重要目标，通过搭建黑臭水体平台，将黑臭水体识别的相关文件建库，并开发水体解译功能、黑臭水体识别功能，以实现动态监测城市黑臭水体的目标，为城市黑臭水体的治理提供动态监测保障。

7.3

城市公共空间打造——咸宁市黑臭水体治理示范

　　咸宁市2015年开启了城市水环境治理的篇章。整体而言，咸宁市的治水营城以2019年底为界，可以分为两个阶段。第一阶段城市黑臭水体治理依托淦河流域环境综合整治工程EPC项目。2018年2月，咸宁市正式签署《淦河流域环境综合治理工程EPC总承包合同》，启动淦河流域环境综合整治工程EPC项目，涉及生态环境整治、防洪排涝、黑臭水体整治三大类60余个子项目。该阶段主要进行了沿河截污口处理、截污管建设、污水处理厂建设、淦河两岸步道建设、公共空间打造等，消除了污水直排淦河的问题，淦河水质得到有效提升，但淦河支流的城市内部部分黑臭水体甚至出现了反弹，水质指标不降反升。

咸宁市第二阶段的治水主要针对淦河的支流，即城市内部小河流水质反弹的问题。受城市建设、水环境容量的影响，城市内部河流的水环境治理难度比淦河难度大。咸宁市针对合流制排口、三面光河道、分流制排口，污水收集率低、雨天溢流等问题开展了城市管网普查、排口专项调查、排口水量水质调查等基础调研工作，进一步摸排清楚城市内部管网问题；在此基础上，构建了以调蓄池生态滤池为核心的合流制溢流污水处理系统、以水量水质为基础的排口分类处理方式、以增强水体自净能力的河床重塑、以挤外水为目标的沿河截污干管改造与修复。如果说第一阶段的治理是大刀阔斧，那么第二阶段的治理则是飞针绣花。

通过第一、二阶段的整治，咸宁市消除了城市黑臭水体。2022年，长江经济带生态环境警示片指出，"通过系统整治，淦河5条支流全面消除黑臭，城市生活污水收集率大幅提升，淦河流域水环境明显改善"。2022年咸宁市水环境治理工作获生态环境部表彰。2023年，湖北住建公众号指出：咸宁市以问题整改为契机，推动淦河流域系统治理。

在治理黑臭水体的同时，咸宁市还启动淦河"一河两岸"环境提升项目，在淦河河段上建设1条滨水绿廊、3段特色水岸、6大景观节点。2020年9月，淦河成功入选"湖北省幸福河湖示范"。通过黑臭水体的治理，咸宁市建设了一批城市级的公园，如龙潭河湿地公园、十六潭公园。昔日龙潭桥边的黑水沟，经过整治，变成了一处水利、水清、岸绿、景美的慢生活风景线。通过黑臭水体的治理，形成了咸宁经验：

一是形成了适宜技术体系。提出了硬质河道生态化改造、河床优化、生态滤池、外水分析、诊断等一系列创新技术措施，形成咸宁特色技术路线，因地制宜解决水环境问题。

二是统筹形成"黑臭+"模式。全力推进生态淦河、美丽淦河、幸福淦河建设；投资1.5亿元实施淦河"一河两岸"水环境综合治理工程，建设1条滨水绿廊、3段特色水岸、6大景观节点。

三是建立多元化筹资机制。统筹中央预算内投资、政府债券项目、PPP模式，推进项目建设和运营，符合政府财政承受能力的同时避免形成政府隐性债务。同时按事权与支出责任相匹配原则，市、区分别承担后续运营维护，全力保障后期营运资金，防止重建轻管。

7.4

复兴滨水空间，营造城市业态——常德市海绵城市建设经验

常德市地处湖南西北，是有名的水窝子，城市洪涝灾害、水环境问题突出。常德市自2009年起就开始了城市内河——穿紫河的水环境治理，2015年初，由国家三部委组织海绵城市建设试点，常德市为首批海绵城市试点城市，国家投入12亿元，自此，常德市的水治理驶入了快车道。此后常德市的治水也经历了两个阶段，即以2016年为界，第一阶段主要内容为城市河道水系治理，第二阶段是城市管网混错接改造、源头小区的海绵化改造。

常德市的水治理以流域为单元，针对穿紫河和护城河的排水系统特点采取了不同治水技术路线。

护城河地处老城区，城市建设密度较高，建筑质量较低，因此老城区水环境的治理主要结合棚改，打开护城河的盖板，恢复护城河水系，在护城河两岸建设合流制截污干管，并结合公园绿地建设溢流处理池，消除旱流污水排河，削减汛期溢流污染，在此基础上再进行河道及护岸的建设，整体提升水环境。

穿紫河地处新城区，城市建筑质量较好，穿紫河黑臭水体的主要成因为分流制排水系统混错接导致旱流污水直排河道，再加上水体污染后的"破窗效应"，穿紫河成为藏污纳垢之地，内源污染也较为严重。考虑到排水管网混错接改造需要进行较为精细的管网排查工作，因此穿紫河的治水技术路线是"先治标、后治本"，即将穿紫河沿岸的118个排水口整合为8个排水口，每个排水口对应一个排水分区，其对应的面积为$2\sim4km^2$，并对这8个排口进行改造，建设排水泵站与生态滤池、调蓄池，消除污水直排、削减汛期溢流等。在此基础上再进行河道清淤、生态修复、堤岸生态化改造等。

通过第一阶段的改造，护城河、穿紫河消除了黑臭水体的问题，水质达到了景观娱乐用水水质标准。2016年之后，常德市海绵城市建设重点转向以排水分区为单元的小区、公园、道路改造以及排水管网改造。

常德市海绵城市建设中，注重城市共同空间的打造、注重城市文化的复兴、注重城市产业的打造。常德市先后修复并建成了老常德时期代表码头文化的麻阳街、河街、老西门等一批展现常德历史文化、风格多样、内涵丰富的水文化载体群落。在老西门建造了常德丝弦剧场，挖掘整合了常德丝弦、花鼓戏两项非物质文化遗产，传统艺术历久弥新。新建德国风情街，让北德风格的建筑落户在穿紫河畔，成为常德的对外之窗。婚庆产业园、金银街等特色商业街，使老常德的内河码头文化、商业文明得到传承。

常德市在海绵城市建设中注重融入大量旅游元素，赋予其城市景观、生态廊道、旅游休闲等新功能，先后打造形成了柳叶湖环湖景观带、穿紫河水上风光带、德国风情街、大小河街、老西门历史文化街等一批海绵亮点项目，成为重要的旅游目的地。

7.5

三亚河流域综合规划——小流域综合治理

三亚市是国家海绵城市试点城市，2022年初，海南省提出"六水共治"，三亚市积极响应，以流域为单元，推进"六水共治"。三亚河流域综合规划在构建水生态、水安全、水环境、水资源四大常规的体系基础之上，重点开展了流域价值提升规划，包括水景观、水产业、流域土地综合整治等，规划强化山水林田湖系统综合治理，统筹三亚河流域范围内土地综合整治、乡村振兴、生态修复、水利建设等各项工作，进一步优化国土空间格局、提高资源利用效率、改善生态环境、保护传承乡土文化。

三亚河流域综合规划确定流域治理分三个阶段：第一阶段解决治水的问题，打造水清岸绿景美；第二阶段整治与提升人居环境，保护山水人文格局；第三阶段是积极策划导入一批产业并实施运营。前两个阶段由政府投入，实现土地提质增效，第三个阶段实现资金自平衡并盈利，是前两个阶段可以持续的重要手段。

在技术层面，三亚河流域规划以流域为规划对象，在空间上分为上、中、下游。上游基本以生态保护为主；中游以乡村振兴为主要目的，推进协同治污、洪涝防治、土地整治以及文旅等；下游以城市水环境治理、城市融合发展为主要目的，以治理溢流污染，打造水景观、水文化为主要手段，促进水产业的发展。

三亚河流域规划是海绵城市试点建设后的流域发展指引，具有以下四个特点：一是强调在流域层面解决城市面临的问题，重新构建水资源、水环境、水安全、水生态、水文化、水景观、水产业等系统，推进城市与流域共同发展；二是注重区域的差异性，规划顺应流域的上、中、下游本底特征不同、功能导向差异较大的形势，构建了上游生态保育、中游生态修复、下游综合利用的生态系统，强化了上游的生态服务功能；三是通过"生态产业化、产业生态化"构建了流域层面"两山理论"的规划实践，三亚作为国际旅游岛的主要职能地，通过"活化、文化、野化"打造文旅基地，实现文旅纵深发展；四是三亚河流域综合规划强化了规划的实施，以项目策划为抓手，通过生态修复进行土地整治和建设用地整理，腾挪用地指标，以政策奖励打包整合，保障项目实施相关资金。

7.6

治水营城展望

城市水体的治理涉及多方面，包括资金、技术、公众利益。好的治水不仅能化解城市消极空间，还能促进城市的发展，因此城市水体的治理不应简单地仅看作是治水的问题，而是要从治水营城多目标统筹推进城市水体治理。城市水体治理存在以下趋势：一是水体的治理将扩大到广大的县城、镇，目前国家对城市黑臭水体、农村黑臭水体的治理都作出了明确的要求，对县城黑臭水体的治理将可能是下一阶段的重点；二是城市水体治理更加注重灰绿协同技术，中小城市由于基础设施薄弱、土地资源相对丰富，可以更加有效地发挥绿色基础设施的作用；三是在治理空间与范围上，遵循水的自然—社会循环过程，强调从流域层面、城市层面整体推进水体的治理；四是在治理方式上，注重发挥水空间的多重作用，注重产业的导入，注重打造公共空间，注重水文化复兴，以期达到治水投入与产出的平衡，破解财政困难。通过"十三五"时期的治理，地级以上城市基本消除了黑臭现象，城市水安全也有较大的提升。基于城市水体治理要求与经营，总体建议是"问题导向，重点巩固，治水营城"，具体建议如下：

（1）识别主要的城市水问题

城市水资源、水环境、水生态、水安全、水文化、水景观是构成城市水系统的子系统，从以上6个子系统识别出城市主要的涉水问题，这6个子系统中前面4个是基础性系统，后面2个是提升性的系统，只有解决前4个系统的问题，才可以继续提升水文化与水景观2个系统。前4个系统又以水安全、水环境与市民紧密相关。咸宁市与常德市的实践表明，准确地识别问题是下一步工作的基础。咸宁市与常德市第一阶段主要针对河道黑臭的问题，通过治标（主要对排口、河道做工作），消除了黑臭水体；第二阶段，主要针对汛期大量污水溢流导致水环境质量恶化问题，开展管网混错接、源头小区改造等工作。三亚市通过海绵城市试点建设，前4个子系统问题不突出，其主要问题已经转化为水文化、水景观与城市发展深度融合的问题。

（2）开展主要问题的专项诊断工作

城市水系统的6个子系统中，前4个子系统与城市基础设施有重要关系，后2个子系统与城市空间有重要关系，因此，在开展主要问题成因诊断时，需要有针对性。以城市水系统前4个子系统为例，"十三五"期间，大部分城市开展了管网的普查工作，基本建立了城市供排水管网的拓扑结构，但这类成果仍存在以下问题：①成果以市政道路为主，没有覆盖小区，导致不能反映出问题的真正成因；②部分成果没有被有效利用，由于"十三五"期间黑臭水体治理以治标为主，量大面广的管网混错接改造没有实施。因此下一步城市涉及排水管网的问题，应以排水分区为单元，在管网普查的基础上开展专项排查和诊断。排水管网的排查可采取物探测绘、水质检测、清疏检测、即查即改等措施，应结合具体情况具体分析，其他的措施可结合具体问题，如"污水提质增效""低洼区内涝"等开展。如果涉及管网的诊断和修复，建议采用排查、修复一体的工作方式，节省投资。

（3）重点巩固，整体提升

在问题诊断的基础上，开展综合规划，提出系统解决方案，整体提升城市水系统功能，也可以针对重点问题，开展专项设计，解决具体问题。规划方案要避免做成面面俱到而不解决问题的规划，而是要在总体目标指引下，统筹各子系统，开展重点补短板，如基于管网排查情况，针对汛期溢流、"污水提质增效"等问题，对重点片区开展管网混错接改造、挤外水工作，提升生活污水收集处理率；针对北方河流水资源短缺现状，结合国家政策，开展污水水资源化再生利用，补充河道稳定生态流量；统筹流域治污，重点治理城郊接合部生活污水问题、城市上游河道农业面源污染问题；针对河道内源及水体自净能力下降的问题，开展河道清淤及水生态修复等；针对水文化、水景观开发利用不足的问题，重点从旅游开发的角度进行规划安排。

（4）打造优质滨水空间

城市水体治理好以后，一定要用起来，尤其是让市民感受到水体治理后的成果，并让市民参与监督。城市河流水系往往都是优质的滨水公共空间，通过公园、休闲空间建设，通过城市设计进行沿河滨水空间风貌打造，将滨水空间打造为城市高品质的公共空间，对市民而言是休闲娱乐的场所，对旅游者来说是了解和展示城市的窗口，只有大家利用好水之后才会更有动力去保护好水环境。

（5）适当导入产业，水城共生

城市水体治理需要有资金的投入，资金不外乎社会资本和政府资金。当水环境治理好后，城市滨水物业具有更高溢价，城市滨水业态具有更大的活力，因此具有导入产业的可行性。从常德市的情况看，通过平台公司打造历史传统业态（河街）、引入异域文化（德国街）打造不同的商圈是成功的，是可行的，做到了治水经费投入与产业经营盈利的平衡。